Schritt für Schritt 2

Jeremy Williams

Schnitzen

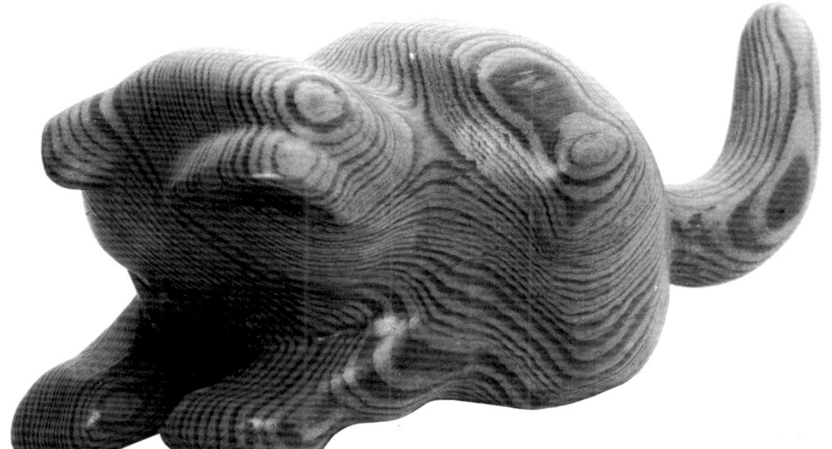

Verlag Th. Schäfer Hannover

Aus dem Englischen übersetzt
von Dr. Günther Heine, Dipl. Ing., Aumühle/Hamburg

ISBN 3-88746-310-2
Best.-Nr. 9107

Lektorat: Dr. Joachim F. Baumhauer

Gesamtherstellung
Th. Schäfer Druckerei GmbH, Hannover

Inhaltsverzeichnis

Einleitung

Die Holzschnitzerei ist ein fesselndes Hobby. Holz zu formen und in die Hand zu nehmen bereitet sehr viel Vergnügen. Beobachten Sie nur einmal die Leute auf einer Ausstellung, in der Schnitzereien gezeigt werden. Sie werden feststellen, daß das Holz einfach zum Anfassen reizt. Jeder möchte eine Schnitzerei berühren, mit seiner Hand über die geglättete oder strukturierte Oberfläche fahren oder den Konturen mit den Fingerspitzen folgen. Holz bietet wie kein anderer Stoff ein angenehmes Gefühl der Wärme.

Das Verlangen, Holz für Schnitzarbeiten zu verwenden, hat es seit Jahrhunderten gegeben – eines der frühesten Beispiele für Holzschnitzereien stammt vermutlich aus der Zeit von etwa 2000 vor Christus. Wenn man sich also vornimmt, das Schnitzen zu erlernen, folgt man einer sehr alten Tradition.

Holzschnitzerei ist ein ideales Hobby für jedes Alter. In meinem Unterricht befanden sich Schüler im Alter von 13 bis 80 Jahren. Schnitzen ist zeitaufwendig, und die Stunden verfliegen dabei im Nu.

Jede Schnitzarbeit ist ein Abenteuer. Oft erreicht man, was man sich vorgestellt hat. Manchmal aber hat die Natur ihre Hand im Spiel, und tiefer im Holz kommen Strukturen oder Farben zum Vorschein, die vorteilhaft genutzt werden könnten. In der Regel ist das Ergebnis sehr erfreulich. Lassen Sie sich aber durch einen Fehlschlag nicht entmutigen. Denken Sie daran, daß Sie Lehrgeld entrichten müssen, und versuchen Sie herauszufinden, was Sie falsch gemacht haben. Ein echter Künstler ist mit seinem Werk nie ganz zufrieden, sondern es ist ihm Ansporn zu intensiverem Bemühen.

Hat man jedoch die Grundbegriffe der Holzschnitzerei richtig erfaßt, lassen sich Fehler weitgehend vermeiden. Die Kunstfertigkeit birgt kein Geheimnis; sie ist im Grunde ein ganz einfacher Vorgang. Stellen Sie sich das Schnitzen wie eine Fremdsprache vor: Man muß etwas Grammatik lernen und sich ein hinreichendes Vokabular aneignen, bevor man sich verständigen kann. Sie würden vermutlich auch mit einigen grundlegenden Lektionen beginnen und nicht gleich erwarten, daß Sie eine Zeitung von vorn bis hinten lesen können. Ich habe mich bemüht, in diesem Buch alle Aspekte einer ersten Lernphase zu behandeln, und der Leser sollte mit einiger Übung recht bald Fortschritte machen.

Um einfühlsam mit Holz arbeiten zu können, ist es erforderlich zu wissen, wie Bäume gewachsen sind, welche von ihnen geeignetes Holz zum Schnitzen liefern und wie es getrocknet werden muß. Wüßte man hierüber nichts, gäbe es nur Enttäuschungen und Fehlschläge. Ebenso muß man über die Werkzeuge Bescheid wissen. Die Vielzahl der Werkzeuge bei einem geübten Schnitzer kann verwirrend sein, aber das zugrunde liegende System ist eigentlich recht einfach. Das Schärfen von Bildhauer-Stechbeiteln kann eine frustrierende Arbeit sein, wenn man nicht weiß, wie es richtig gemacht wird. Aber auch hierbei gibt es kein Geheimnis, es ist wie mit dem Fahrradfahren, wenn man es kann, wundert man sich, weshalb andere soviel Wesens davon machen.

In den letzten zehn Jahren sind viele Leute in meine Lehrgänge gekommen. Einige wollten gern schnitzen, hatten es aber noch nie versucht, andere hatten es schon einmal probiert, dann aber wieder aufgegeben. Ich konnte häufig feststellen, daß sie nach relativ kurzer Unterweisung Unsicherheit und Frustration verloren und sehr bald Freude an der Arbeit hatten. In dem vorliegenden Buch habe ich die wesentlichen Punkte dieser faszinierenden Kunst nach meiner Lehrmethode dargestellt. Wenn Sie als Leser die nötige Begeisterung und Geduld aufbringen, müßte beides zusammen zum Erfolg führen.

Bei den Holzschnitzereien unterscheidet man zwei Grundarten, Reliefschnitzen und figürliche Skulptur. Füllungen, Schmucktafeln und Möbel werden mit Reliefschnitzereien verziert. Es handelt sich dabei um eine kleinteilige und dekorative Formgebung in der Holzfläche. Ich nenne diese Arbeit immer *Holzschnitzen*, während die Gestaltung einer dreidimensionalen Figur, sei es ein Tier oder etwas Abstraktes, mehr in den Bereich der *Skulptur* gehört, da hierbei die Formgebung entscheidende Bedeutung hat. Dreidimensionales Gestalten wird auch als »Rundumarbeit« bezeichnet. Beide Verfahren können sich auch ergänzen, besonders dann, wenn eine Skulptur reichhaltig verziert ist. Ein typisches Beispiel dafür ist ein Adler am Lesepult in der Kirche, bei dem jede Feder deutlich herausgearbeitet ist. Während dies ein sicheres Zeichen dafür ist, daß die Arbeit von einem geübten Künstler stammt, kann aber auf der anderen Seite ein Zuviel an äußerlicher Dekoration von der Form einer Skulptur ablenken, bis schließlich nur noch ein reichverziertes, aber lebloses Stück Holz vor einem steht. »Lebendigkeit« und »Bewegung« sind wichtige Gestaltungsmerkmale bei einer Skulptur, und diese Aspekte werden im Kapitel über den Entwurf eingehend behandelt. Es sind die wichtigsten und grundsätzlichen Unterschiede zwischen Skulptur und Reliefschnitzen; allerdings wird beides im allgemeinen meist als Holzschnitzerei bezeichnet. Ich selbst benutze auch diesen Begriff, wenn er mir zutreffend erscheint.

Lernen Sie die Grundbegriffe, arbeiten Sie einfühlsam mit dem Holz und gehen Sie Schritt für Schritt vor, dann wird Ihnen die Holzschnitzerei Freude bereiten. Ich hoffe sehr, daß sie Ihnen ebensoviel Spaß machen wird wie mir in den letzten vierzig Jahren.

Ich danke folgenden Firmen für die Bereitstellung von Abbildungen und für die Hilfe: Black & Decker; Robert Bosch; John Boddy's Fine Tool and Wood Store Ltd; Brimarc Associates; De Walt Power Tools; Hermes Coated Abrasives; Ashley Isles (Edge Tools) Ltd.; Liberon Waxes; Lervad (UK) Ltd.; Microflame Ltd.; Sandvik Saws & Tools Ltd.; Record Marples (Woodworking Tools) Ltd.; Stanley Tools; Henry Taylor (Tools) Ltd.; Alec Tiranti Ltd.; F. Zaulauf/Schweiz; Tilgear Ltd.; Craft Supplies Ltd. und weiteren Firmen aus der Holzbearbeitungsbranche, die mich unterstützt haben.

Die Schnitzerei auf Seite 78 entstand nach einem Entwurf aus dem Buch: Traditional Japanese Crest Designs, herausgegeben von Clarence Hornung (Dover Publications Inc., New York, 1986).

Ich danke Ashley Isles für die Informationen zur Geschichte der Schnitzwerkzeuge; ebenso David Scholes, der die Fotos von meinen Arbeiten anfertigte, und letztlich auch meiner Frau für ihre Hilfe und Ermunterung.

Holz ist der Grundwerkstoff für den Holzbildhauer. Obgleich man fast alle Holzarten zum Schnitzen verwenden kann, sind doch bestimmte Sorten dafür besser geeignet als andere. Die richtige Auswahl ist daher wichtig, damit man nicht schon am Beginn durch eine falsche Wahl Schiffbruch erleidet. Um Holz fachgerecht bearbeiten zu können, muß man über seinen Aufbau Bescheid wissen, dann macht die Arbeit Freude und wird auch gelingen.

Abgesehen von Ausnahmen natürlich kommen im allgemeinen nur wenige Holzsorten für Schnitzarbeiten in Frage, meist von langsam wachsenden Bäumen.

Eiche gilt als das Holz der Bildhauer. Das hat sicherlich seine Berechtigung, es ist aber bei weitem nicht das beste Holz für alle Zwecke. Vielleicht rührt die irrige Annahme daher, daß es in Kirchen so viele Schnitzereien aus Eiche gibt. Wollte man nur mit Eiche arbeiten, würde das die Gestaltungsmöglichkeiten sehr begrenzen. Das gleiche gilt für Mahagoni, das zu seiner Zeit viel für dekorative Schnitzereien genommen wurde. Das geschah nicht, weil es sich besonders gut zum Schnitzen eignet, sondern nur, weil es bei den Möbelherstellern in Mode war.

Um einem Mißerfolg bei der Verarbeitung von ungeeignetem Holz zu vermeiden, sollte man die wesentlichen Einzelheiten über das Wachstum der Bäume kennen. Das folgende Kapitel behandelt daher den Aufbau der Bäume, den Unterschied zwischen Tropenholz und demjenigen aus gemäßigten Zonen, den Zuschnitt und schließlich die als Voraussetzung für Schnitzarbeiten notwendige Lagerung sowie eine Auflistung empfehlenswerter Sorten.

Ein Holzbildhauer muß Kenntnisse über die Faserstruktur und das Gefüge der verschiedenen Holzsorten besitzen, und der beste Weg, sich dieses Wissen anzueignen, führt über das Verständnis der Art und Weise, wie Bäume wachsen.

Der Grundstoff für den Schnitzer: Eschenstämme ganz am Anfang ihrer Verarbeitung zu Nutzholz

Alle Bäume brauchen das Sonnenlicht. In den gemäßigten Zonen dauert die Wachstumsphase vom Frühling bis zum Herbst. Genauer gesagt sind es zwei Wachstumsphasen, die eigentliche reicht vom Frühling bis zum frühen Sommer. Eine zweite findet während des späten Sommers statt. Die beiden Phasen kann man am gefällten Baum leicht voneinander unterscheiden.

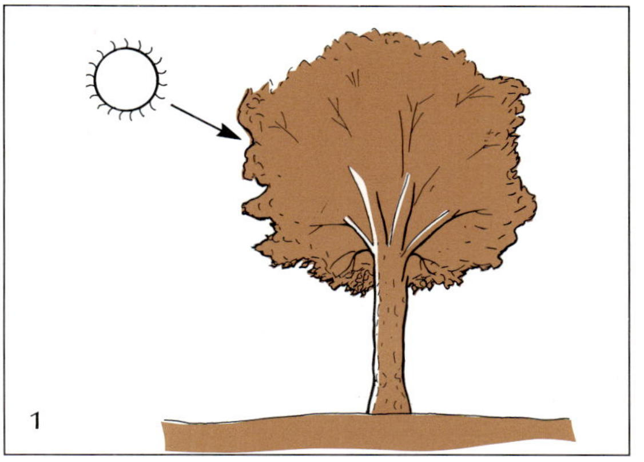

Es gibt Bäume, die zum Winter ihre Blätter abwerfen. Das sind die sommergrünen Bäume, die in der Regel große Blätter haben (a). Im Holzhandel werden sie als Hartholzbäume bezeichnet. Diese Bezeichnung ist jedoch nur sehr allgemein und sagt noch nichts über die Dichte (Härte) des Holzes aus.

Bei anderen Bäumen haben die Blätter die Form von Nadeln (a), sie sind immergrün. Sie werden auch generalisierend als Weichholzbäume bezeichnet.

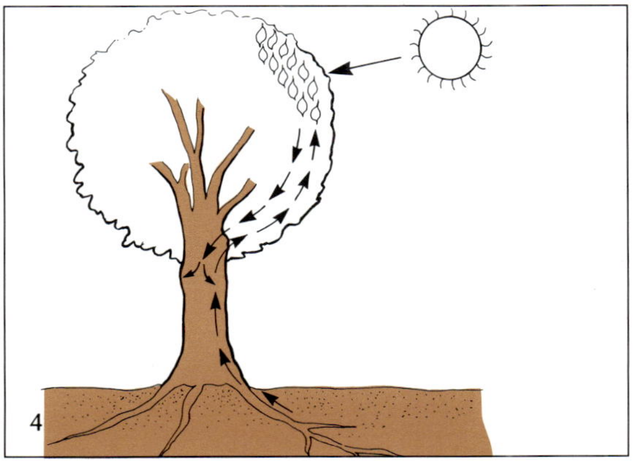

Zum Wachsen nehmen Bäume Nährstoffe und Mineralien in gelöster Form über ihre Wurzeln auf. Über die äußere Splintholzschicht gelangen diese Stoffe bis in die Blätter, wo sie durch das Sonnenlicht in Zucker und Stärke verwandelt werden (Photosynthese). An diesem chemischen Prozeß sind außerdem Kohlendioxyd aus der Luft und Chlorophyll (Blattgrün) beteiligt. Zucker und Stärke gelangen als Saft über die Innenschicht der Borke (Phloem, Innenrinde) in alle Teile des Baums. Sie werden dort entweder direkt verbraucht oder in den Zellen gespeichert.

In jedem Jahr vergrößert sich der Durchmesser eines Baums. Der Zuwachs erfolgt in Jahresringen. Der breite Teil eines Jahresringes bildet sich im Frühling und frühen Sommer; der schmale Teil entsteht im späten Sommer oder frühen Herbst. Der Zuwachs findet immer direkt unter der Borke in Form eines Zellverbandes statt (a). Diese Schicht heißt Kambium (b). Die neu entstandenen Zellen bilden entweder mehr Splintholz (c) oder mehr Borke. Später werden die zuerst gebildeten Zellen des Splintholzes zu Kernholz (d).

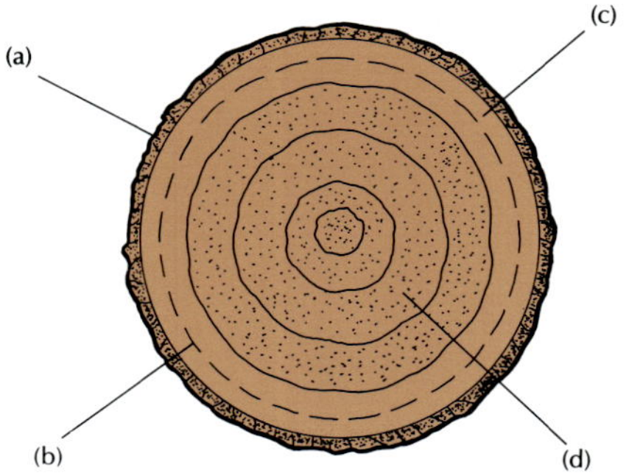

5

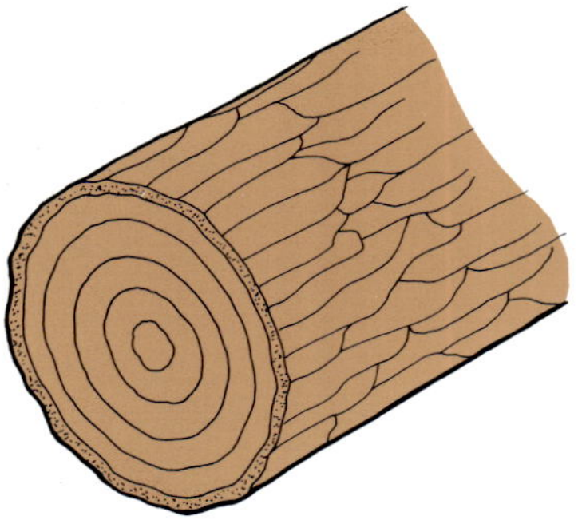
6

Zuwachszonen – die Jahresringe – kann man auf dem Querschnitt eines gefällten Baums erkennen. Die Jahresringe geben auch die Lebensgeschichte eines Baums hinsichtlich der klimatischen Schwankungen wieder.

Schmale Jahresringe lassen erkennen, daß dem Baum nur ein geringer Zuwachs möglich war. Das deutet auf kalte Frühlingszeiten oder trockene Sommer hin. Breite Jahresringe entstehen bei raschem Wachstum unter warmen und feuchten Bedingungen.

7

Die Zuwachsrate hängt auch von der Höhenlage ab. Höhere Lagen sind durch niedrigere Temperaturen und kürzere Wachstumsdauer gekennzeichnet. Ein Baum, der auf niedrig gelegenem, warmem und feuchtem Boden steht, wächst rasch und bildet breite Jahresringe, während der gleiche Baum an einem Berghang langsamer wächst und schmalere Ringe zeigt.

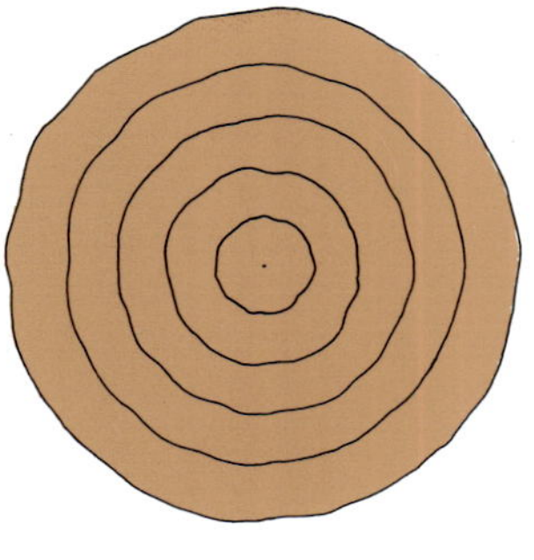
8

Mark (a) Das Mark in der Mitte des Stammes sorgt, solange der Baum noch sehr jung ist, für den raschen Fluß der nährstoffreichen Säfte. Das Holz unmittelbar um den Markstrang herum ist zum Schnitzen nicht geeignet. Es ist oft rissig. Einige Bäume besitzen eine ausgeprägte Markröhre.

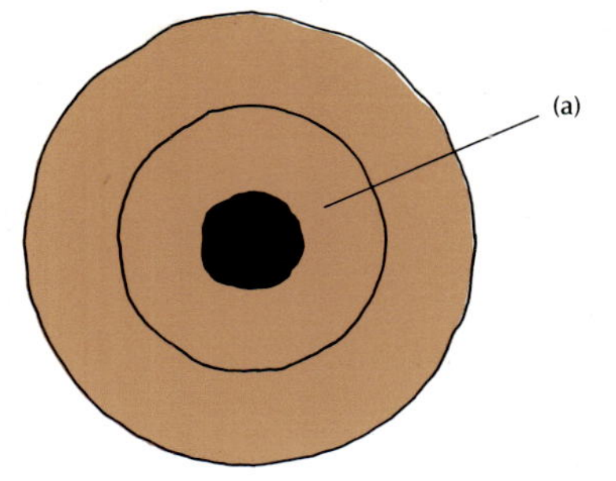

9

Kernholz (a) Dies ist abgestorbenes Holz, das durch eine Veränderung in der Zellstruktur unter dem Einfluß des Kambiums (c) aus dem Splintholz entstanden ist (b). Kernholz ist der beste Teil des Baumes für Schnitzarbeiten.

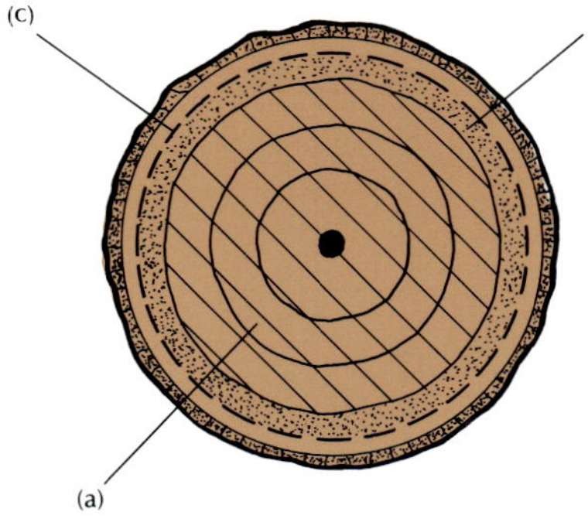

10

Splintholz (a) Splintholz ist die mit Leben erfüllte Baumschicht. Es ist weicher als das Kernholz. Splintholz ist oft heller – oder sogar ganz anders gefärbt – als Kernholz. Es ist für Baumkrankheiten anfällig und wird auch von Holzwürmern befallen. Für Schnitzarbeiten hat es kaum einen Wert.

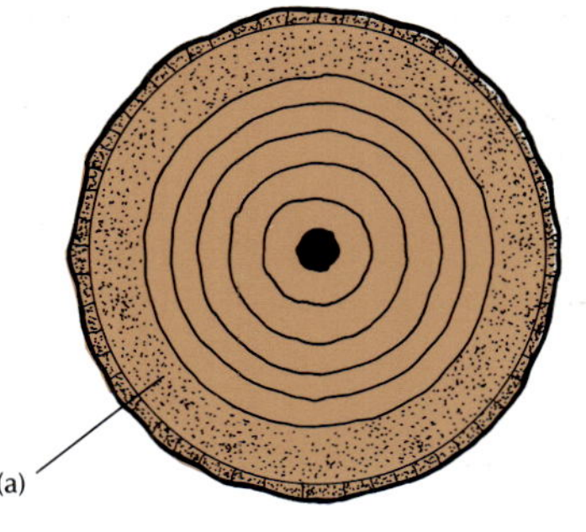

11

Borke (a) Die Borke ist der Schutzmantel des Baumes. Sie ist für Schnitzarbeiten völlig wertlos. Wird sie stellenweise am Holz belassen, löst sie sich bald und fällt ab. In oder dicht unter der Borke können Käfer und Würmer zu finden sein, deshalb entfernt man die Borke am besten im Freien.

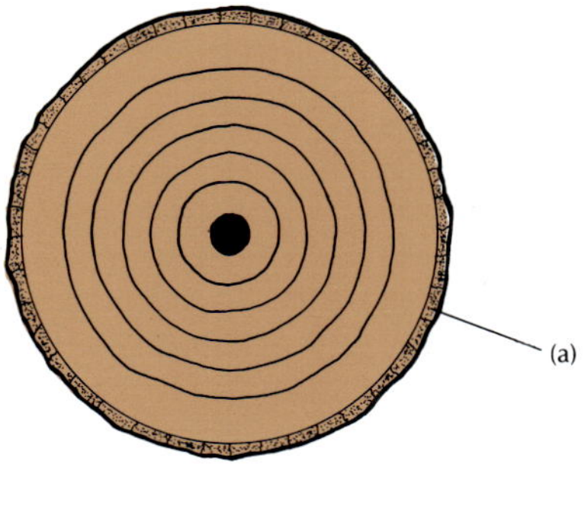

12

Holz ist aus Zellen aufgebaut, die man sich wie ein Bündel Trinkstrohhalme vorstellen kann. Weichhölzer haben offenere Zellen als Harthölzer. Jede Zelle ist mit den benachbarten Zellen verwachsen, dadurch besitzt das Holz seine Festigkeit. Wie groß die Festigkeit ist, hängt von der Baumart ab. Einige Bäume, wie z. B. Eichen, entwickeln lange Zellstränge, während andere, z. B. Linden, kleine Zellen bilden.

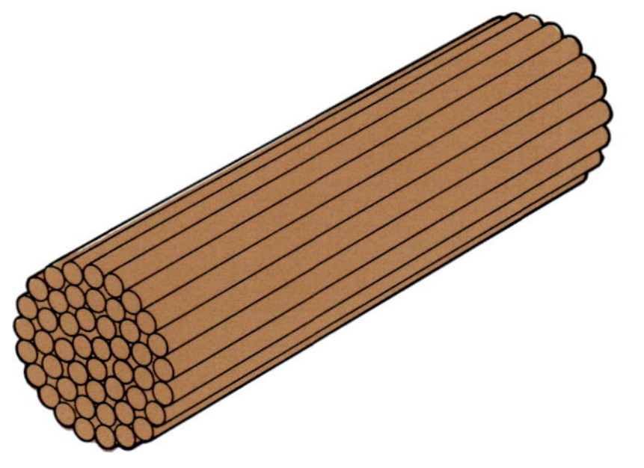

13

Werden die Zellen der Länge nach angeschnitten, dann bestimmt ihr Durchmesser das Holzbild. Strohhalme können wieder als Beispiel dienen: Werden sie der Länge nach aufgeschnitten, dann zeigen sich bei Halmen mit großem Durchmesser breite Rillen, bei kleinem Durchmesser dagegen schmale.

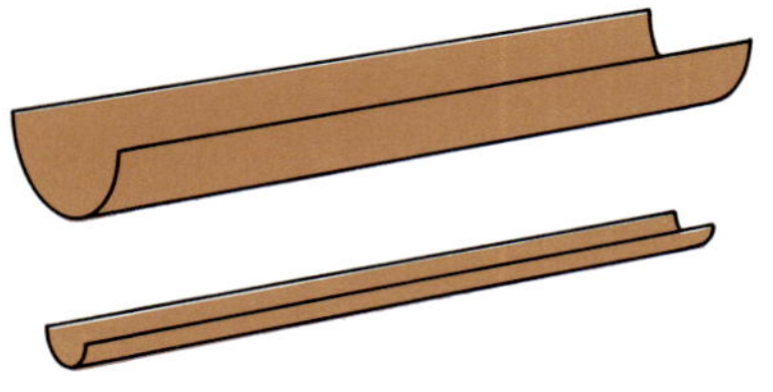

14

Einige Baumarten bilden während der Wachstumsphase im späten Sommer harzreiche Zellen. Typisch dafür ist die Kiefer, die weicheres Frühholz und hartes, dunkles Spätholz hat. An den Jahresringen kann man das leicht ablesen. Die Abbildung zeigt den harten, harzreichen Zuwachs (a) und die weicheren, faserigen Zellen (b).

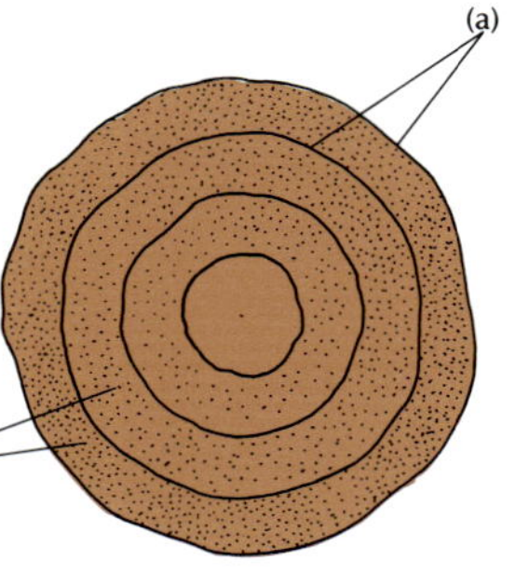

15

Zellgröße und Wachstumsrate sind ausschlaggebend für die Struktur des gefällten Holzes. Das Holz ist desto dichter, je langsamer ein Baum gewachsen ist. Holz mit großen Zellen wird als »grobporig«, solches mit kleinen, dicht gedrängten als »feinporig« bezeichnet. Für Schnitzereien kommen außer bestimmten Kiefernarten nur Harthölzer in Frage.

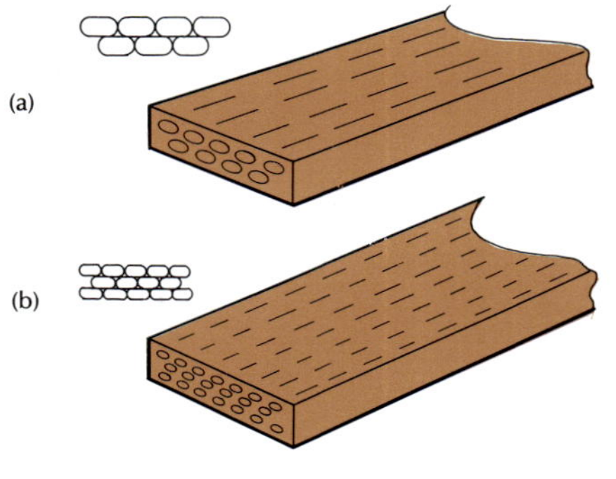

16

Zellbänder führen auch bis zum Mark eines Baumes, es sind die sogenannten »Markstrahlen«. Bei manchen Hölzern, z. B. Eiche, sind sie besonders auffällig. Wird das Holz tangential zu den Jahresringen aufgetrennt, zeigt sich die »Fladerung«. Sie ist bei Tischlerarbeiten von besonderer Bedeutung, nicht jedoch bei Schnitzereien. Eine zu sehr ins Auge fallende Holzmaserung könnte leicht von der Formgebung ablenken. Holz spaltet in Richtung der Markstrahlen relativ leicht (a).

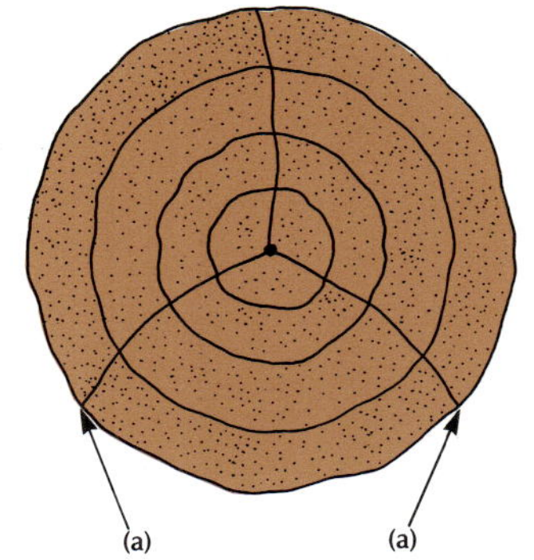

1

Einige Zellen verlaufen unter einem Winkel zur Längsachse des Baumes und markieren sich als Flecken, wenn das Holz in Längsrichtung aufgetrennt wird. Besonders auffällig ist das bei Buche, aber fast alle anderen Bäume haben diese Erscheinung auch.

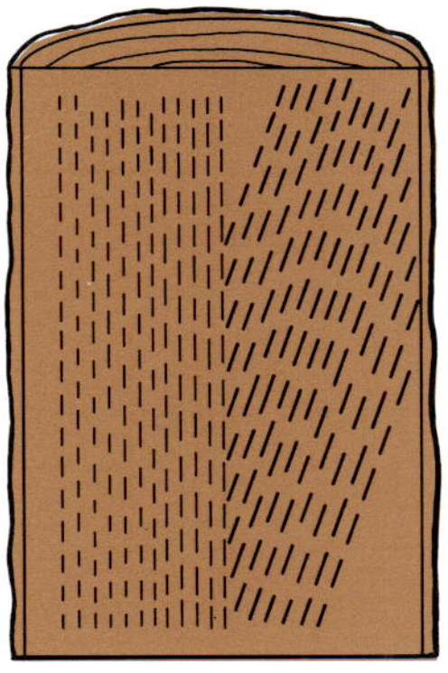
2

Äste wachsen nicht nur außen am Baum. Sie entstehen schon, wenn der Baum noch jung ist, und lassen sich später bis ins Kernholz verfolgen. In den Ästen sind die Zellen in gleicher Weise angeordnet wie im Baumstamm.

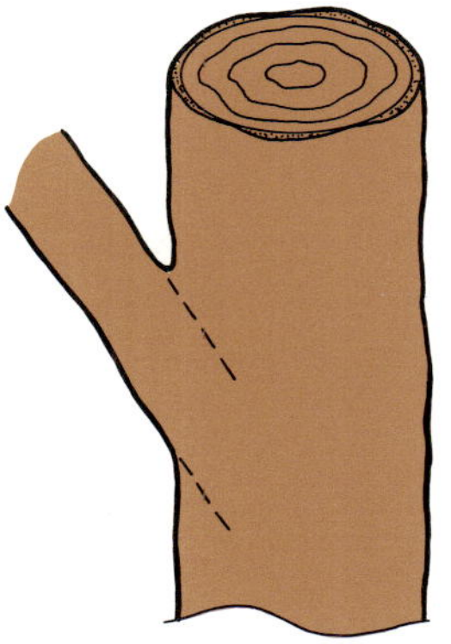
3

Ist ein Baumstamm in Bohlen aufgetrennt, zeigen sich die Astansätze als »Äste«. Die Jahresringe im Ast sind entsprechend klein, deshalb sind Äste schlechter zu bearbeiten als das umgebende Holz. Wegen der Unausgeglichenheit des Feuchtigkeitsgehalts im Ast, verglichen mit dem des umgebenden Holzes, entstehen im Ast sternförmig verlaufende Risse.

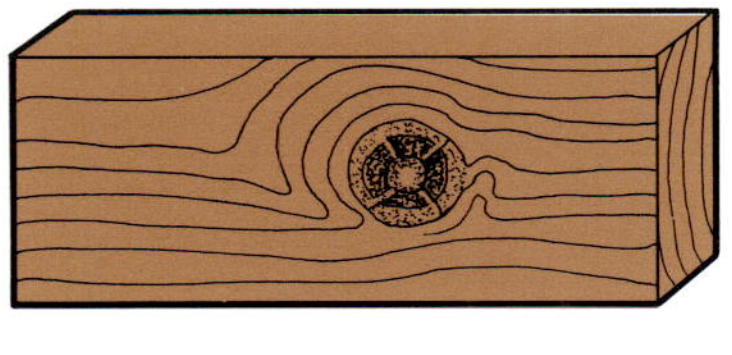
4

Alle Bäume wachsen dem Licht – also der Sonne – entgegen. In den gemäßigten Zonen steht die Sonne tiefer als in den Tropen oder am Äquator. Außerdem beeinflussen die Klimaunterschiede zwischen Winter und Sommer den Wachstumszyklus. Höhenlage und Regenmenge spielen eine wichtige Rolle im Ablauf dieses Zyklus.

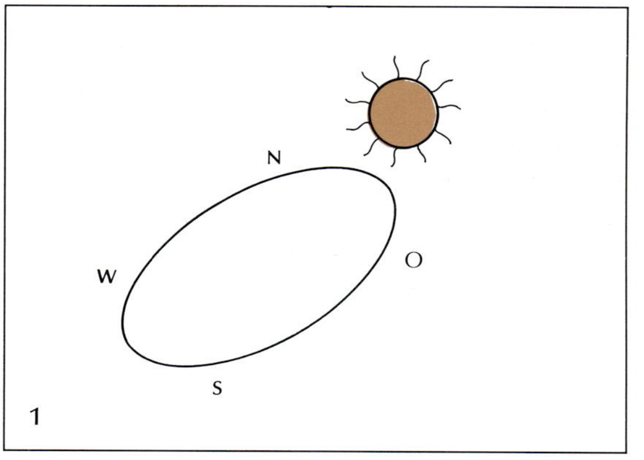

1

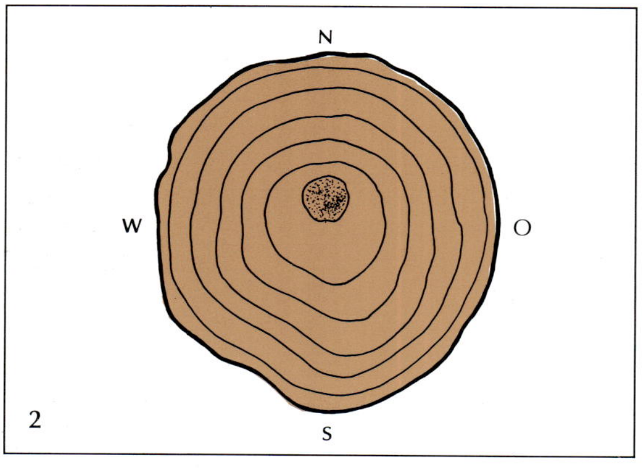

2

Bäume in den gemäßigten Zonen haben an der Südseite – in Richtung der stärksten Sonneneinstrahlung – den größten Zuwachs, wie man auf dem Hirnschnitt eines gefällten Baumes sehen kann. Die Jahresringe sind nicht konzentrisch um die Mitte herum angeordnet.
Nutzholz wird gewöhnlich in Anpflanzungen oder »Schlägen« forstmäßig herangezogen, damit die Bäume geradwüchsig groß werden. Einzeln wachsende Bäume haben einen unregelmäßig geformten Stamm und bizarre Äste.

In den Tropen steht die Sonne höher. Einige Bäume dort neigen zu Drehwuchs. Dieser sogenannte »Wechseldrehwuchs« entsteht durch einen periodischen Neigungswechsel der sonst parallel zur Stammachse verlaufenden Hauptzellrichtung. Die Kreisbewegung der fast im Zenith stehenden Sonne könnte die Ursache dafür sein.

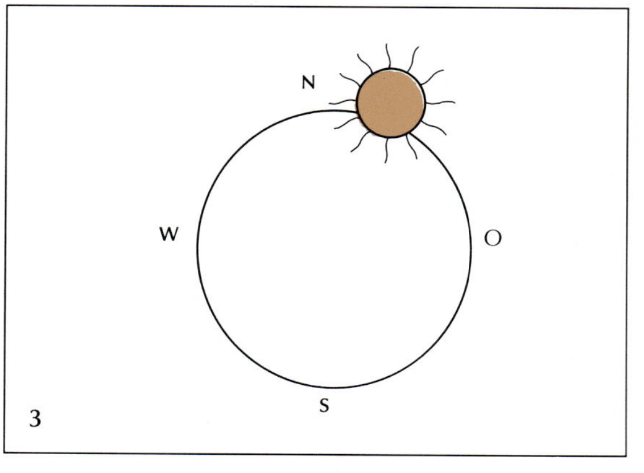

3

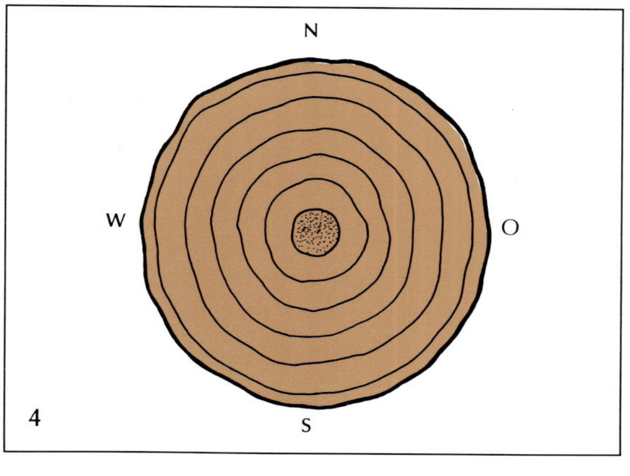

4

Die wesentlich geringeren klimatischen Schwankungen im Jahresverlauf ermöglichen den meisten Tropenhölzern ein beinahe kontinuierliches Wachstum. Die Jahresringe sind gleichmäßiger geformt und bei einigen Arten, wie Mahagoni, weniger, bei anderen, beispielsweise bei Teak, deutlicher ausgeprägt.

Bei Wechseldrehwuchs entsteht eine verschachtelte Maserung (a). Bei einem in Bohlen aufgetrennten Stamm ist das deutlich zu sehen. Streifen mit Holzfasern, die nach der Längsachse des Stammes ausgerichtet sind, wechseln mit solchen ab, bei denen die Fasern im Winkel dazu verlaufen (b). Derartiges Holz läßt sich schlecht bearbeiten, weil die Schnittrichtung immer wieder gewechselt werden muß, wenn man mit der Faser und nicht gegen sie arbeiten will.

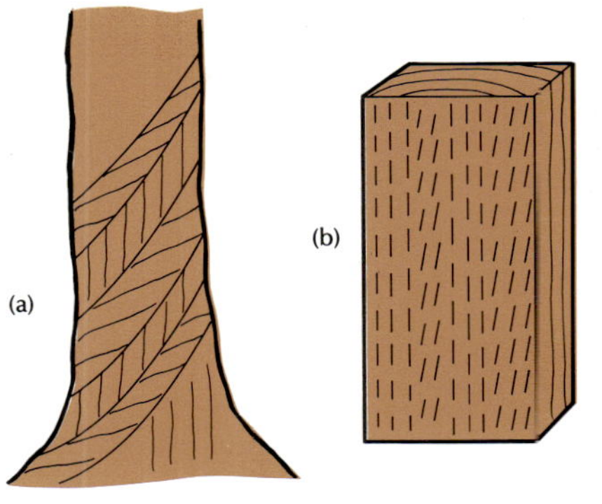

5

Die einzelnen Zellen sind bei Tropenholz nicht so fest miteinander verwachsen wie bei Holz aus den gemäßigten Zonen, daher neigt das Holz eher zum Reißen, so daß kleine und dünne Teile an Schnitzereien leicht abbrechen können. In der Abbildung sind die Schwachstellen zwischen den Lagen der Zellen markiert.

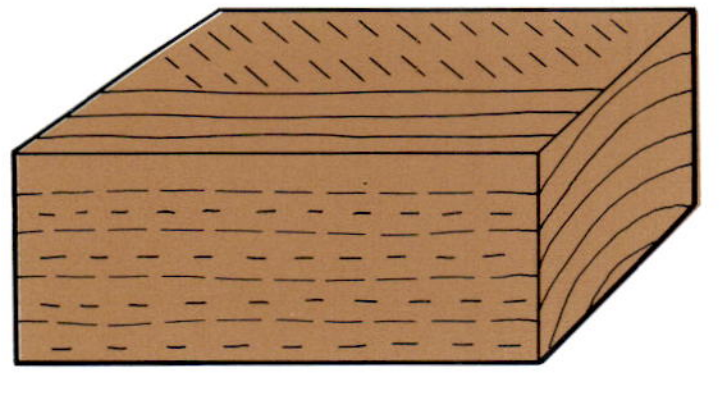
6

Wird ein Baumstamm aus den gemäßigten Zonen in Bohlen aufgetrennt, dann bestimmen die Jahresringe das Holzbild. Meist sind noch kleine Tüpfel vorhanden, sie stammen von axial gerichteten Zellen, den »Tracheiden«. Sie beeinflussen das Holzbild nicht so stark wie der Wechseldrehwuchs und stellen beim Schnitzen auch kein Problem dar.

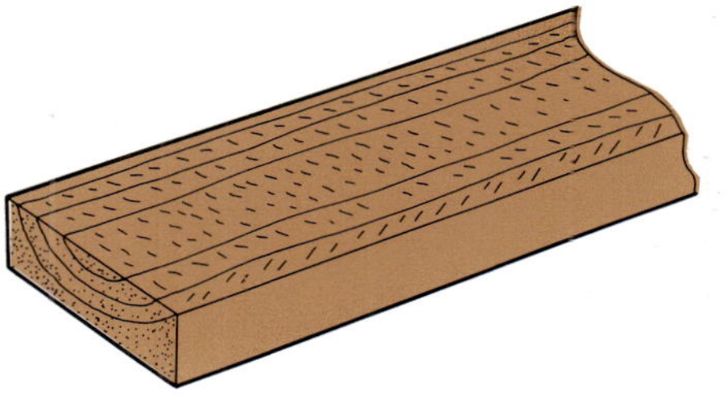
7

Bohlen von einzeln stehenden Bäumen aus den gemäßigten Zonen haben oft einen unregelmäßigen und keinen geradlinigen Faserverlauf. Bearbeitet man ihre Oberfläche »gegen die Faser«, wird sie rauh (a). Um eine glatte Oberfläche zu erreichen, muß man den Schnitt immer »mit der Faser« ausführen (b).

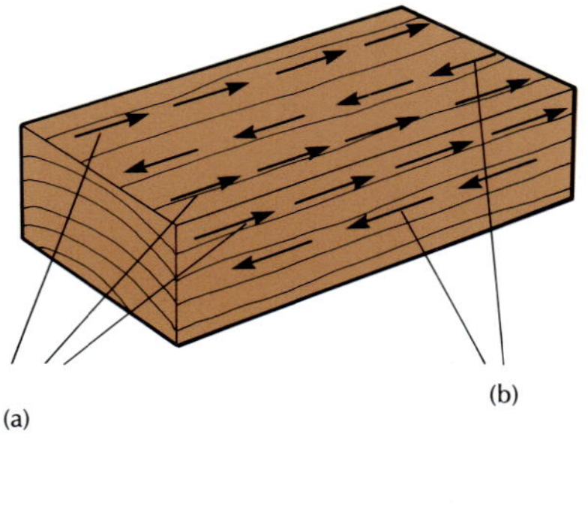

8

Nach dem Fällen entweicht die im Baum gespeicherte Feuchtigkeit. Je nach Jahreszeit kann der Feuchtigkeitsgehalt unterschiedlich hoch sein. Daher fällt man Bäume normalerweise im Winter, wenn die Saftzufuhr ruht. An Schnittflächen verdunstet die Holzfeuchtigkeit zuerst, danach wird sie durch Kapillarwirkung auch aus dem Stamminnern dorthin gezogen und verdunstet ebenfalls. ▶

1

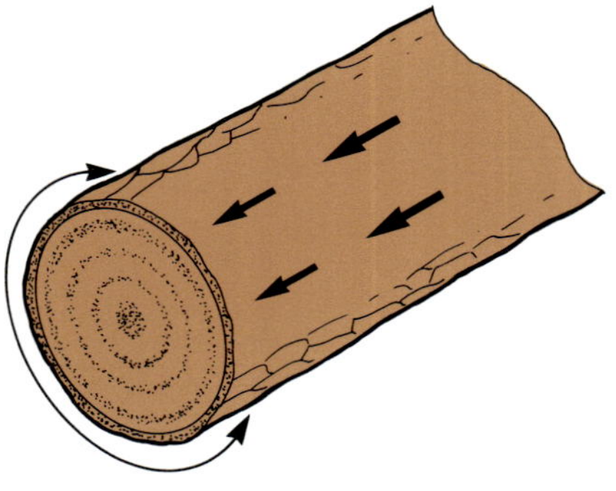

2

◀ Die Zellen im Bereich der Schnittflächen schrumpfen, wenn der Stamm austrocknet. Konsequenterweise müßte der Stamm im Durchmesser kleiner werden, dies ist aber wegen der festen Substanz des Holzes nur in geringem Maße möglich. Beim Trocknen gerät das Holz also unter Spannung.

Während beim Trocknungsvorgang die Feuchtigkeit zu den Schnittflächen drängt, baut sich im Innern des Stammes immer mehr Spannung auf. Wenn weitere Schrumpfung nicht mehr möglich ist, reißt das Holz. ▶

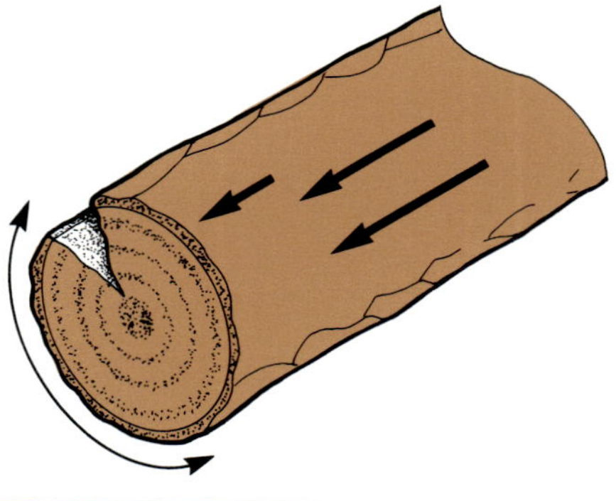

3

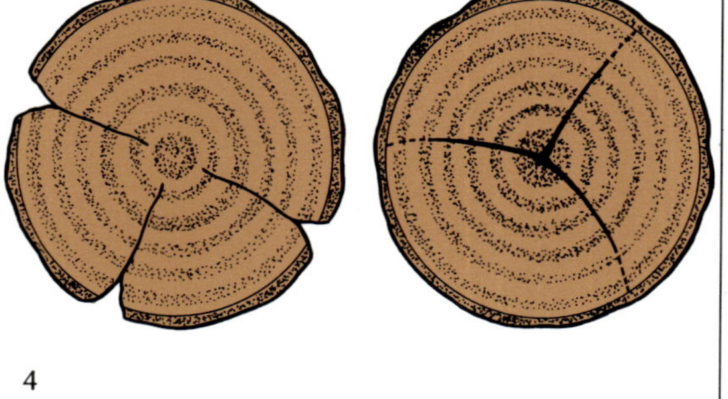

4

◀ Gewöhnlich verlaufen die Risse entlang der Markstrahlen, wie man es am Hirnholz sehen kann. Die Risse können auch von der Stammitte ausgehen. Selbst Holz, das mehrere Jahre ohne sichtbare Veränderung gelegen hat, kann plötzlich reißen. Dies kann jederzeit passieren, wenn es als Stamm gelagert wird.

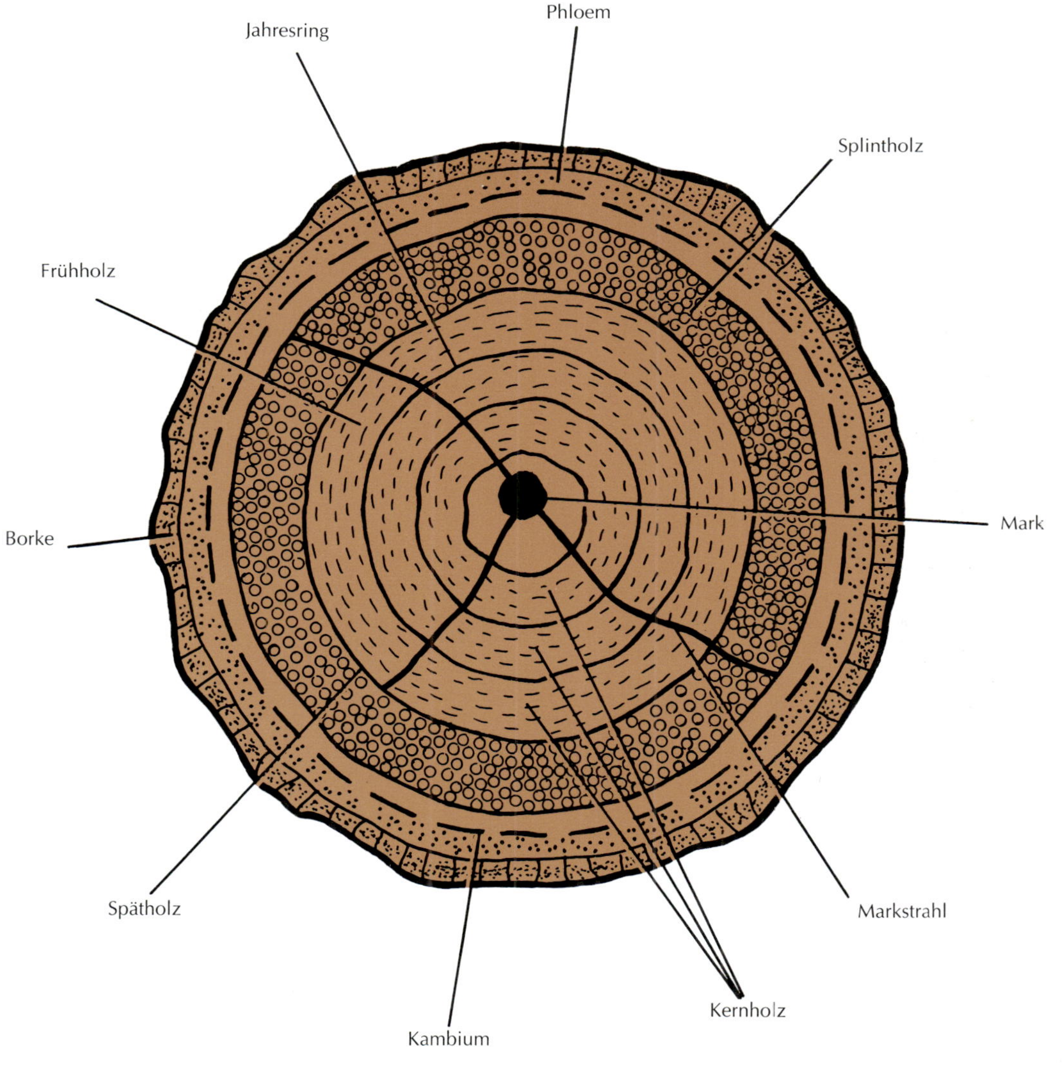

5 Der Holzaufbau im Quer- oder Hirnschnitt

Das Auftrennen eines Stammes in Bohlen verhindert die Bildung von größeren Rissen, da die vergrößerte, der Luft ausgesetzte Oberfläche den Trocknungsprozeß beschleunigt. Die Bohlenenden sollten jedoch mit Ölfarbe oder Wachs versiegelt werden, um der zu raschen Austrocknung der Hirnenden vorzubeugen.

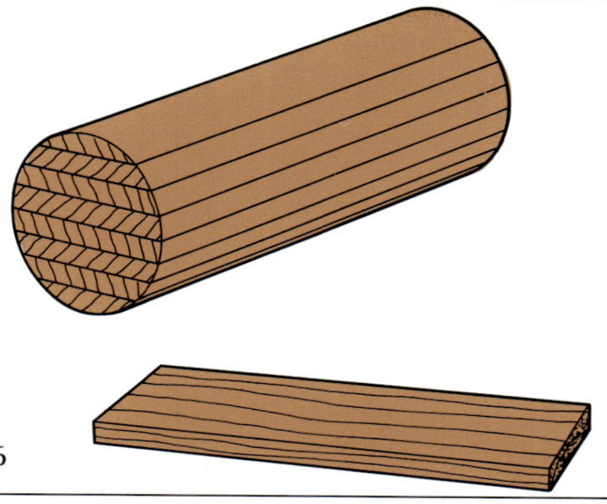

6

Mit Axt und Keilen kann ein Stammabschnitt auch halbiert oder geviertelt werden. Die Länge des Abschnitts sollte dafür etwa 1 Meter betragen. Durch das Aufspalten werden die Schrumpfungskräfte größtenteils unwirksam gemacht. Auch hierbei ist es vorteilhaft, die Hirnenden zu versiegeln.

7

Eine aus dem vollen Stamm gearbeitete Schnitzerei muß auf jeden Fall reißen, entweder schon während der Arbeit oder nachträglich (a). Das ist fast nicht zu verhindern. Die einzige Ausnahme bilden lediglich Stücke, bei denen die Stammitte ausgehöhlt worden ist. Schnitzarbeiten werden deshalb in der Regel aus Rohlingen angefertigt, die aus dicken Bohlen zugeschnitten sind.

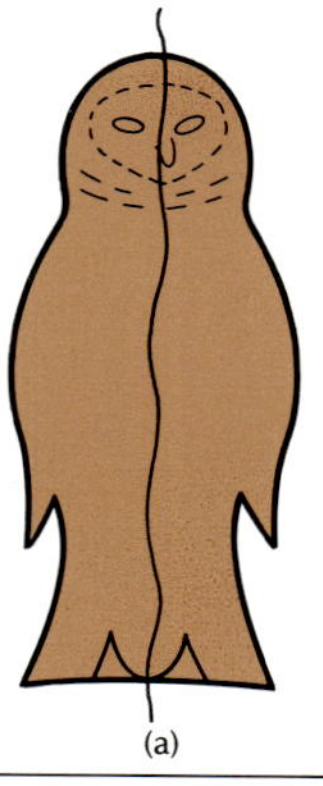

8

Holz muß gut abgelagert sein, damit die meiste Feuchtigkeit (Saft) verdunstet ist und sich die Spannungen ausgeglichen haben. Während seines langen Wachstums hat ein Baum mit starken Winden zu kämpfen gehabt. Er hat Spannungen aufgebaut, um das Gewicht der Äste tragen zu können. Nach dem Einschnitt müssen diese Spannungen abgebaut werden, sonst wirft sich das Holz. Nicht abgelagertes Holz verzieht sich. Bei besonders dicken Bohlen kann die Trocknung problematisch sein.

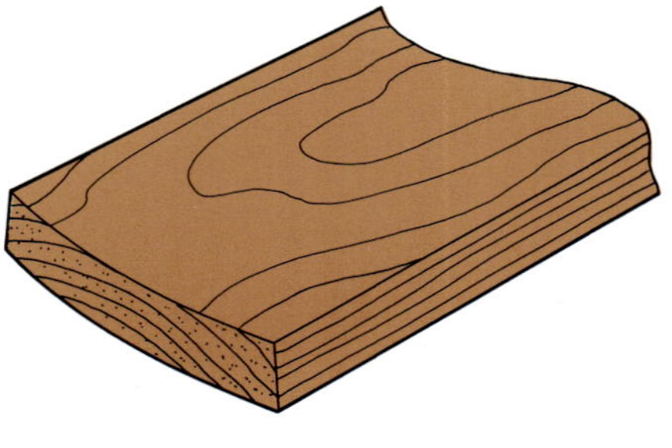

9

Für die Auftrennung eines Stammes in Nutzholz gibt es verschiedene Schnittformen. Am gebräuchlichsten ist der Längsschnitt zu unbesäumter Ware, mit Splintholz an beiden Bohlenkanten. Sehr breite Bohlen, besonders diejenigen mit dem Markstrahl, bei denen die Gefahr groß ist, daß sie sich stark werfen, werden in der Mitte aufgetrennt (entlang der Linie A–A). Wenn beide Kanten nachgeschnitten worden sind, handelt es sich um besäumte Ware.

12

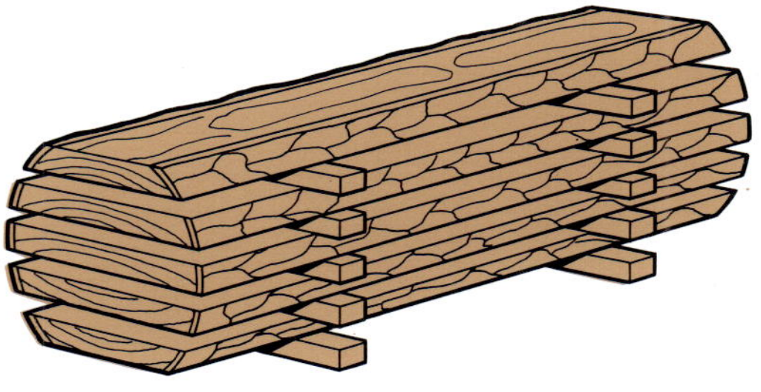

13

Für die Lufttrocknung wird der eingeschnittene Stamm im Freien mit zwischengelegten Distanzhölzern so aufgestapelt, daß die Luft die Bohlen allseitig umstreichen kann. Je 25 mm Stärke rechnet man 1 Jahr Lagerzeit. Nach dieser Zeit hat sich der Feuchtigkeitsgehalt im Holz der umgebenden Luftfeuchtigkeit angeglichen. Diese ist aber noch höher als die Luftfeuchtigkeit im Haus. Man sollte daher lufttrockenes Holz längere Zeit vor der Verarbeitung kaufen und in einem luftigen Schuppen weiter lagern. Luftgetrocknetes Holz ist zum Schnitzen am besten geeignet.

Künstlich getrocknetes Holz ist in Holztrockenkammern bis auf eine Restfeuchte von 9–15% gebracht worden. Künstliche Holztrocknung ist nur bis zu einer Bohlenstärke von 60 mm ratsam, da bei stärkeren Bohlen Innenrisse auftreten können. Im Gegensatz zum luftgetrockneten Holz ist künstlich getrocknetes etwas härter, in der Färbung etwas anders und auch grobporiger, da sich die Zellen bei dem Vorgang erweitern. Auch künstlich getrocknetes Holz läßt sich für Schnitzereien verwenden.

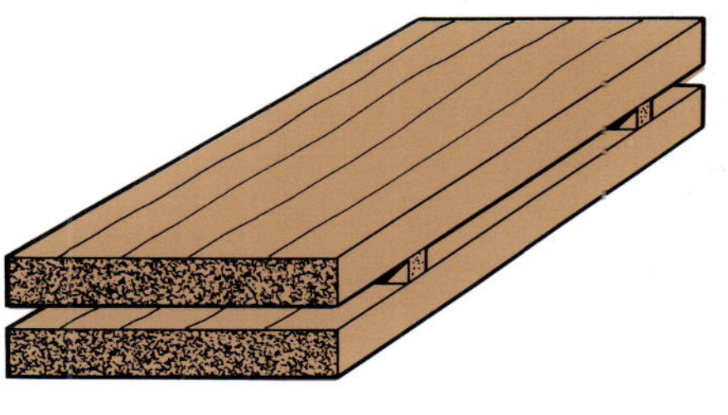

14

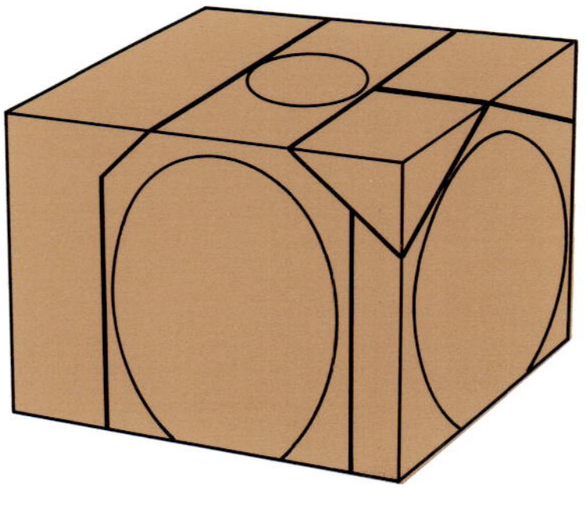

15

Holz wird im allgemeinen nach Raummaß verkauft, einige Tropenhölzer werden jedoch nach Gewicht gehandelt. Im metrischen Maßsystem wird das Raummaß durch Multiplikation von Länge, Breite und Stärke ermittelt. Der Engländer rechnet: Länge in Fuß mal Breite in Zoll mal Stärke in Zoll geteilt durch 144 ergibt das Raummaß in Kubikfuß.

Holz kann Feuchtigkeit wieder aufnehmen. Es darf daher nach dem Trocknen nicht erhöhter Feuchtigkeit ausgesetzt werden. Spezialgeschäfte bieten Holz für Schnitzereien an; viele von ihnen annoncieren in Heimwerkerzeitschriften. Sie führen meist gut abgelagertes Holz. Sie schneiden es auch zu und lassen die Stücke über einen Abrichter laufen. In Sägewerken kann man frisch eingeschnittenes Holz bekommen, das noch lagern und trocknen muß, aber billiger ist. Andere Quellen sind Baumchirurgen, Forstverwaltungen und Feuerholzhandlungen.
Bohlen oder Rohlinge sollten abgedeckt, aber mit ausreichender Möglichkeit zum Ablüften gelagert werden. Legen Sie Distanzleisten zwischen alle Stücke. Die Leisten sollten möglichst aus dem gleichen Holz sein, um Verfärbungen an den Berührungsstellen zu vermeiden.
Legen Sie die Leisten mit einem Querschnitt von 1 mal 1 cm in Abständen von 30 cm (oder weniger, wenn z. B. Rohlinge kleiner sind) quer zwischen die Hölzer. Die Hirnenden der Hölzer sollten mit Wachs oder Ölfarbe versiegelt werden. Wenn sich auf dem Holz ein weißlicher Schimmelbelag bildet, ist die Ventilation unzureichend.

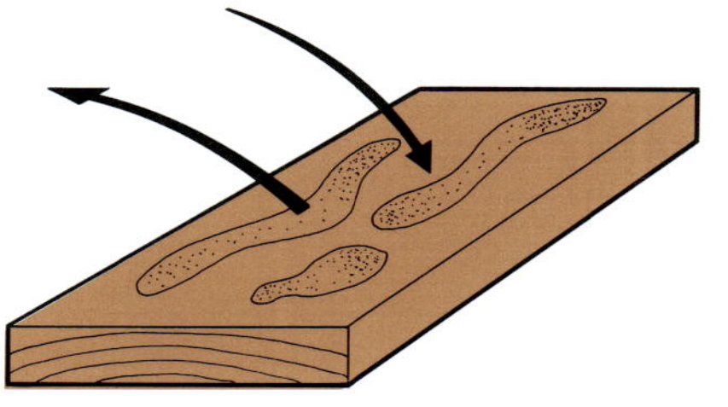

16

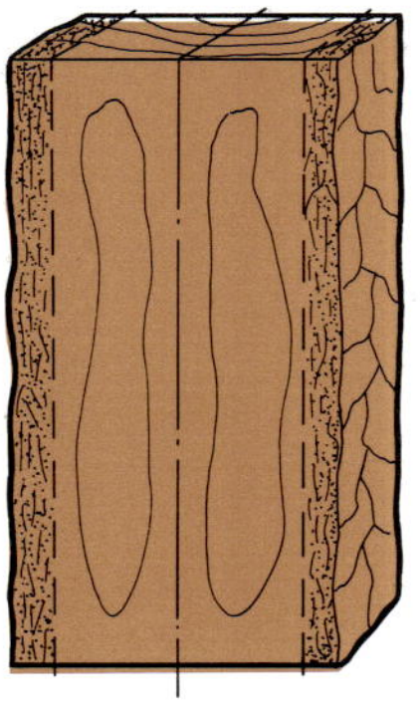

17

Von unbesäumten Bohlen sollten Borke und Splintholz gleich abgetrennt werden, da ohnehin nur das Kernholz verwendet werden wird. Das beste Schnitzholz liefert der Bereich zwischen 5 cm vom Splint einwärts und ebenso weit vom Markstrang nach außen. Trennen Sie Ihr Schnitzholz so bald wie möglich in verschieden große Rohlinge auf.
Bestimmte Holzsorten gibt es in 100 mm, einige sogar in 150 mm Stärke. Bei noch größeren Abmessungen würde die Trocknung viele Jahre dauern; ganz große Stücke trocknen nie völlig aus und kommen nie ganz zur Ruhe. Bei solch großen Stücken ist es ratsam, die Schnitzerei grob vorzuformen und leicht mit Wachs eingerieben zur weiteren Trocknung zu lagern.

Wichtige Regeln für das Lagern

- Vermeiden Sie zu große Wärme oder direkte Sonneneinstrahlung.
- Besprühen Sie das Holz bei sehr warmem und trockenem Wetter mit Wasser.
- Prüfen Sie regelmäßig, ob sich eventuell Schimmel gebildet hat.
- Dunkle Flecken auf der Holzoberfläche sind ein Zeichen für zu feuchte Lagerung. Wischen Sie die Holzoberfläche mit einem milden Bleichmittel oder Fungizid ab und sorgen Sie für bessere Umlüftung.
- Bei entsprechender Sorgfalt kann Holz viele Jahre gelagert werden. Einige Sorten werden mit der Zeit außerordentlich fest.

Den Käufern von Holz wird heute nahegelegt, an die ökologischen Folgen beim Einsatz von Tropenhölzern zu denken. Namhafte Holzhandlungen machen neuerdings Angaben, welche Hölzer aus Gebieten mit Wiederaufforstung stammen

Retten Sie einen Tropenbaum

- Gutes und durchaus noch brauchbares Tropenholz kann oft aus alten, ausrangierten Möbelstücken gewonnen werden.
- Auch wenn solche Stücke äußerlich beschädigt sind, kann das Innere noch einwandfrei sein.
- Besonders altes Mahagoni ist wertvoll. Das alte Mahagoniholz ist von viel besserer Qualität als alles, was man heute unter diesem Namen bekommen kann.
- Es lohnt sich, beim Sperrmüll, bei Altwarenhändlern und auf Flohmärkten danach Ausschau zu halten. Falls sich in Ihrer Nähe eine Bootswerft befindet, sollten Sie auch dort einmal nachfragen.
- Fensterhersteller und Firmen, die Ladeneinrichtungen bauen, sind oft gern bereit, Abfallstücke wegzugeben. Es sind freilich heute übliche Holzarten, aber man kann sie dann wenigstens noch sinnvoll nutzen.

Bei Gartenbäumen muß man wählerisch sein. Überlegen Sie gut, wieviel Schnitzholz bei einem solchen Baum übrig bleibt, wenn Sie das oben Gesagte über das Wegtrennen von Splint und Markstrang berücksichtigen. Interessant gewachsene Bäume sind im Durchmesser meist zu klein, um brauchbare Stücke für Schnitzereien abzugeben. Ein Baum sollte einen ausreichenden Stammdurchmesser aufweisen, um die Mühe der eigenen Zurichtung zu rechtfertigen, es sei denn, man will ganz kleine Schnitzereien anfertigen. In der Regel ist jedoch alles unter 50 cm Ø nicht brauchbar.

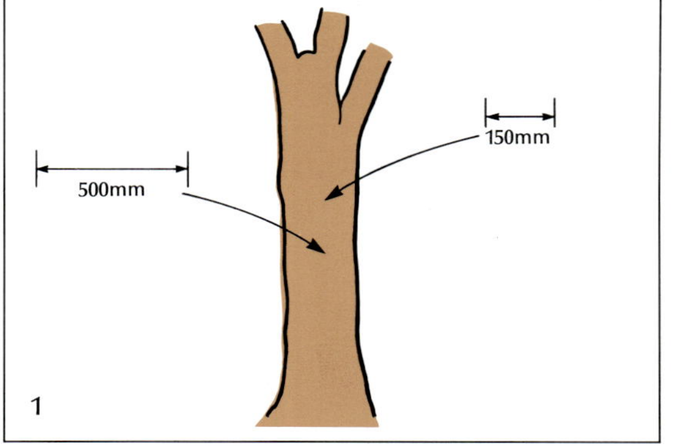

1

Nur der eigentliche Stamm läßt sich verwerten, er wird in Längen von 60 cm gesägt. Vielleicht möchten Sie auch ein paar dicke Äste verwenden, aber vergessen Sie nicht, daß diese sich vorwiegend für abstrakte Formen eignen, bei denen die Mitte des Holzes entfernt wird, um dem Reißen vorzubeugen.

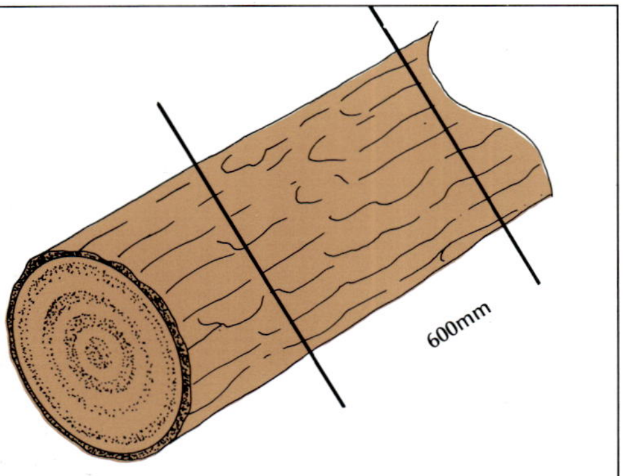

2

Spalten Sie den Abschnitt mit der Axt oder mit Keilen in zwei oder besser drei Stücke, möglichst entlang von Markstrahlen. Die Borke muß nicht entfernt werden, sie fällt von allein ab, wenn das Holz trocknet.

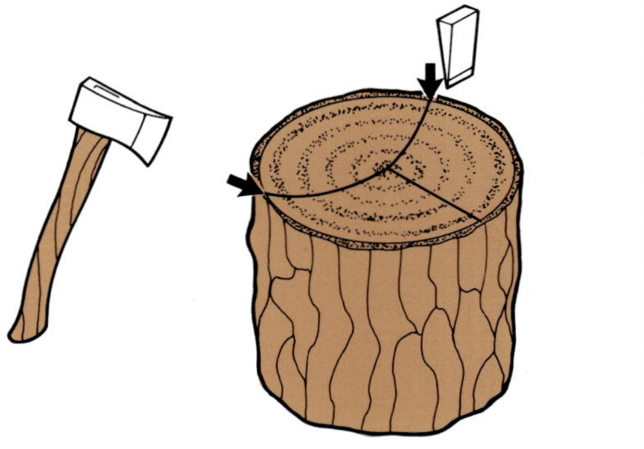
3

Versiegeln Sie die Hirnenden mit Wachs oder Ölfarbe und stapeln Sie die Stücke mit zwischengelegten Leisten. Die Lagerung sollte vorzugsweise im Nordschatten eines Gebäudes erfolgen. Man sollte gegen Regen nicht mit Plastikplanen abdecken, da darunter Feuchtigkeit kondensiert. Jeweils 25 mm Stärke erfordern ein Jahr Trocknungszeit. Nach der halben Zeit ist das Holz umzustapeln. Bei sehr trockenem Wetter muß mit Wasser eingesprüht werden, um eine zu rasche Trocknung zu vermeiden.

4

Im Handel wird die Holzfeuchtigkeit mit einem Feuchtigkeitsmeßgerät ermittelt. Dabei wird ausgenutzt, daß sich der elektrische Widerstand in Holz entsprechend dem Gehalt an Feuchtigkeit ändert. Der Gehalt an Feuchtigkeit im Holz hängt direkt mit der Lufttemperatur und der Luftfeuchtigkeit zusammen. Durch regelmäßiges Wiegen kann man feststellen, ob das Holz noch Feuchtigkeit abgibt. Verarbeiten Sie nur trockenes Holz. In guten Holzhandlungen gibt man Ihnen den Feuchtigkeitsgehalt des angebotenen Holzes an. Im Mittel liegt der Gehalt bei künstlich getrocknetem Holz zwischen 9 und 15%. Bei luftgetrocknetem Holz zeigt der Wert größere Schwankungen. Er hängt dabei von der Art der Lagerung und besonders von der vorherrschenden Luftfeuchtigkeit ab.

1

2

Holz reißt, wenn es einem plötzlichen Anstieg der Temperatur oder einem drastischen Abfall in der Feuchtigkeit ausgesetzt wird. Vermeiden Sie es also, Holz im heißen Sommer in einem Schuppen ohne Ventilation oder unbehandelt zu lange im Haus aufzubewahren. In Arbeit befindliche Stücke sollten zwischendurch in einen Plastikbeutel eingeschlossen werden, damit sich der Feuchtigkeitsgehalt ausgleichen kann. Selbst Holz, das 100 Jahre alt ist, kann sich noch verziehen und werfen oder Risse bekommen, wenn es nicht fachgerecht behandelt wird. Sollte das Holz bei einer Schnitzarbeit zu reißen beginnen, dann decken Sie die betroffenen Partien mit einem dicken Überzug von Wachs ab. Das sollte den zu raschen Prozeß des Austrocknens wenigstens stoppen.

Holz kann es auch übelnehmen, wenn man es von einem Teil des Landes in einen anderen oder in eine andere Gegend der Welt verfrachtet. Temperatur- und Luftdruckdifferenzen können ein Verziehen bewirken.
Sie sollten sich einen ausreichenden Vorrat zulegen, damit jeder Neuzugang mindestens 6 Monate bei Ihnen lagern kann. Je länger Sie Ihr Holz liegen lassen können, desto besser ist es, natürlich innerhalb vernünftiger Grenzen. Dies gilt für die meisten Holzarten, denken Sie aber daran, daß einige bei langer Lagerung fester werden, hierzu gehören z. B. die Ahornarten. Am besten führen Sie eine Lagerliste, damit Sie stets im Bilde darüber sind, wie lange die einzelnen Partien schon lagern.

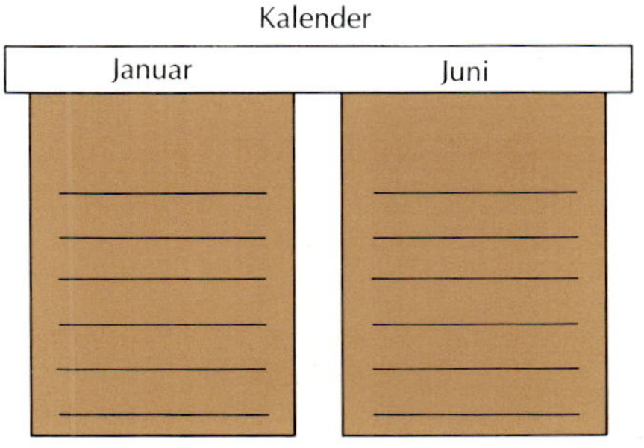

3

Lagerlisten von Holzhandlungen können recht umfangreich sein. Im folgenden sind einige typische Hölzer für Schnitzarbeiten aufgeführt:

Leicht zu bearbeitende Holzarten

Linde *(Tilia-Arten)* Das klassische Bildhauerholz. Weich, dicht und feinporig. Farbe: weiß bis hellgelb. Gut zu polieren. Normalerweise in Stärken bis zu 100 mm erhältlich.
Amerikanische Linde *(Tilia americana)* Ähnlich der europäischen Linde. Bis zu 150 mm Stärke erhältlich.
Jelutong *(Dyera costulata)* Wird oft in Schulen, auch von Lockenten-Herstellern und Modelltischlern verwendet. Offenporig und ausdruckslos. Sehr weich. Kein attraktives Holz.
Birnbaum *(Pyrus communis)* Dicht und mäßig hart. Meist nicht in Stärken von mehr als 80 mm erhältlich. Hell, gedämpft, jedoch rötlich.

Mäßig schwer zu bearbeitende Hölzer

Kastanie (*Castanea*-Arten) Ähnlich Eiche, aber ohne Spiegel. Gut für Reliefschnitzereien geeignet. Gut zu bearbeiten – dünne Querholzpartien brechen leicht. Kernholz gelbbraun.
Bergahorn *(Acer pseudoplatanus)* Härter als Linde, jedoch von ähnlicher Charakteristik. Gut für filigrane Arbeiten geeignet. Fast weiß, häufig attraktiv geriegelt. In großen Dimensionen erhältlich.
Feldahorn *(Acer campestre)* Gleicht dem Bergahorn, ist aber härter.
Kirschbaum *(Prunus-Arten)* Hat meist eine lebhafte Maserung. Blaßgelb und durch dunklere Streifen sehr dekorativ. Gut zu polieren. Muß sorgfältig abgelagert sein, sonst verzieht sich das Holz.
Mahagoni (nur Hölzer der Gattung *Swietenia* gelten als echtes Mahagoni) Viele Arten aus aller Welt. Oft wechseldrehwüchsig. Stockwerkbau der Zellen macht Feinarbeiten schwierig. Siehe auch Anmerkung über bedrohte Baumarten.
Buche *(Fagus sylvatica)* Gedämpftes Holz hat einen angenehmen, rötlichen Ton. Gut brauchbar und leicht erhältlich. Mäßig schwer zu bearbeiten.

Nicht ganz leicht zu bearbeitende Hölzer

Kiefer *(Pinus-Arten)* Kiefernholz hat eine ansprechende Farbe und Maserung. Es ist aber wegen des harzreichen Spätholzes nicht einfach zu bearbeiten. Columbianische Kiefer und Douglasie liefern gutes Schnitzholz. Das etwas härtere Holz der Pitch pine ist sehr dekorativ, kann aber zuviel Harz enthalten. Am besten ist das Holz von Bäumen aus höheren Lagen. Die Bearbeitung von Hirnholz kann Schwierigkeiten bereiten.
Eibe *(Taxus baccata)* Splint (gelblich) und Kernholz (rotbraun) deutlich voneinander unterschieden. Bei entsprechendem Entwurf kann dies vorteilhaft zur Geltung gebracht werden. Färbung dunkelt mit der Zeit nach. Stücke ohne innere Risse oder eingewachsene Borke sind schwer zu bekommen. Besonders gut für kleine Schnitzereien zu gebrauchen.
Apfelbaum *(Malus sylvestris)* Hart und etwas spröde. Hat oft unruhigen Wuchs. Farbe: hell- bis dunkelbraun. Reißt oft beim Trocknen.
Pflaumenbaum (Prunus domestica) Besser zu bearbeiten als Apfelbaumholz. Rötlich-braune Farbe, dekorativ.
Esche *(Fraxinus excelsior)* Raschwüchsig, breite Frühholz./Spätholz-Jahresringe, halbringporig. Dunkles Kernholz wird als Olivesche bezeichnet. In größeren Dimensionen erhältlich.
Eiche *(Quercus-Arten)* Meist hart und grobporig, eher für großformatige Schnitzereien geeignet. Kernholz hellbraun. Die immergrüne Eiche (Quercus ilex) ist feinporiger, ebenso die Traubeneiche.
Ulme *(Ulmus-Arten)* Grobporig, dekorativ, hellbrauner Kern dunkelt nach. Infolge des Ulmensterbens gibt es nur selten brauchbares Holz.
Walnuß *(Juglans-Arten)* Europäischer/amerikanischer Nußbaum. Sehr dekorativ. Wegen des hohen Preises sollte man das Holz nur kaufen, wenn man Erfahrung im Schnitzen hat. Splint hell, Kern grau- bis dunkelbraun. Australischer Nußbaum hat öfter Wechseldrehwuchs.
Weißdorn *(Crataegus monogyna)* Ist mit Bildhauerbeiteln schwierig zu bearbeiten, hat aber eine dekorative Maserung. Bizarre Astformen bieten sich zur Verwendung für Freiformgestaltung an.
Lorbeerbaum *(Laurus nobilis)* Besitzt eine attraktive Färbung. Das Holz enthält ölige Bestandteile und kann leicht reißen, wenn es als ganzer Stamm gelagert wird. Ein ideales Holz für abstrakte Arbeiten, bei denen der Tastsinn angesprochen wird.

Vollständige Liste der Bogenformen und Größen

gerade	gebogen	gekröpft	rückwärts gekröpft	ausgestellt gerade
3	12	24	33	54 x 3
4	13	25	34	54 x 4
5	14	26	35	54 x 5
6	15	27	36	54 x 6
7	16	28	37	54 x 7
8	17	29	38	54 x 8
9	18	30	–	54 x 9
10	19	31	–	54 x 10
11	20	32	–	54 x 11

Bildhauer-Stechbeitel »Londoner Form«

1,5 2,25 3 4,5 6 7,5 9 10,5 12 15 19 22 25 mm

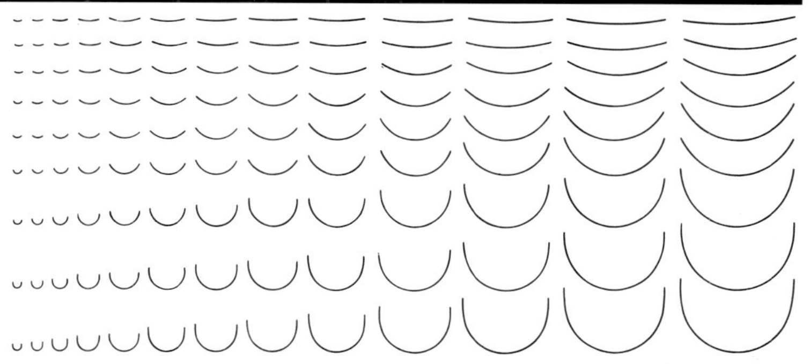

Tabelle der Bildhauer-Stechbeitel »Londoner Form«

Stechbeitel Fabrikat »Ashley Iles«

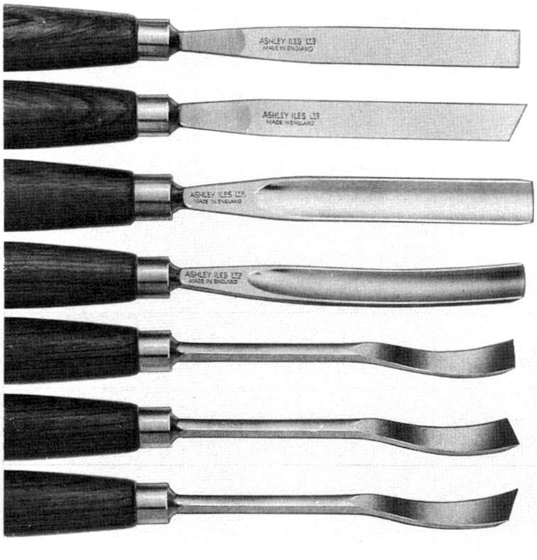

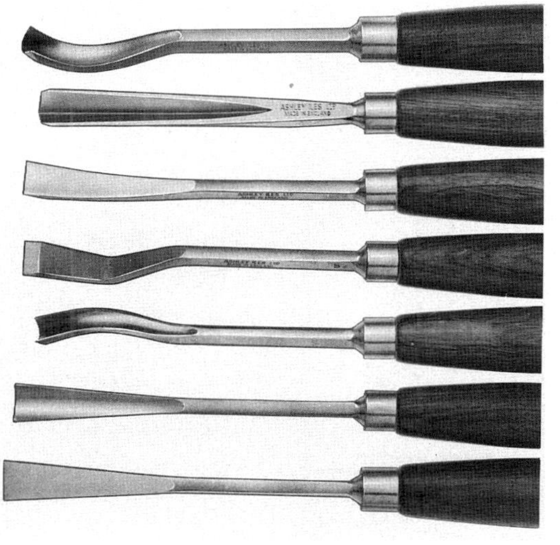

Bildhauer-Stechbeitel mit bogenförmiger Schneide heißen Hohleisen (a), die mit gerader Schneide Balleisen (b). Ihre Formen haben sich in Jahrhunderten herausgebildet. Gegen Ende des neunzehnten Jahrhunderts wurden sie in England genormt, danach boten alle Hersteller gleiche Sortimente an. Obgleich die meisten Bildhauer-Stechbeitel aus Sheffield kamen, wurde die Norm doch unter »Bildhauer-Stechbeitel Londoner Form« bekannt.

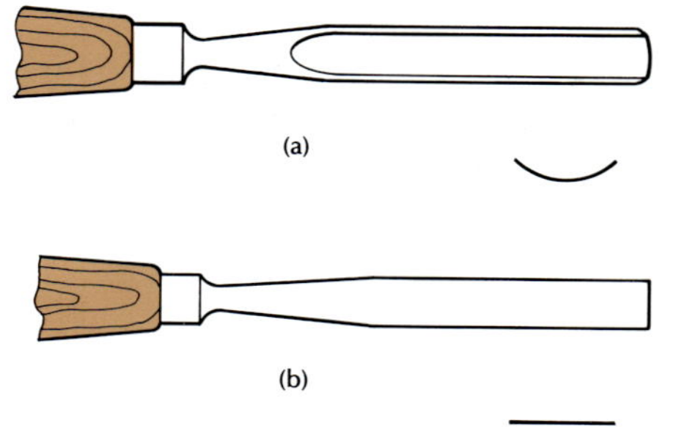

1

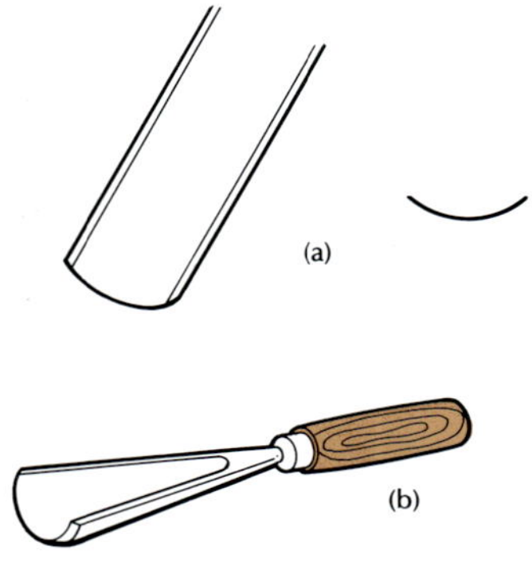

2

Hohleisen werden nach der Krümmung ihrer Schneide eingeteilt. Diese Krümmung wird als Stich bezeichnet (a). Hohleisen gibt es in Breiten von 1,5 bis 25 mm, für ganz große Skulpturen auch noch breiter. Letztere haben Breiten zwischen 31 und 50 mm und werden oft in Schweizer Form (b) angeboten mit ausgestellten Seitenkanten. Die normalen Hohleisen haben parallele Seitenkanten und werden in der Londoner Form hergestellt.

Die unterschiedlichen Stiche reichen von der fast noch geraden Schneide bis zur U-förmigen mit steilen Flanken und werden bei Eisen mit parallelen Seitenkanten mit den Nummern 3 bis 11 bezeichnet (flache Eisen: Nr. 1 und 2). In der Abbildung ist die Londoner Form mit (a) bezeichnet. Bei allen Bildhauerbeiteln wird die Schneide rechtwinklig zur Längsachse angeschliffen, nur der flache Beitel Nr. 2 hat die Schneide unter 20°, damit er gut in Ecken gelangt.

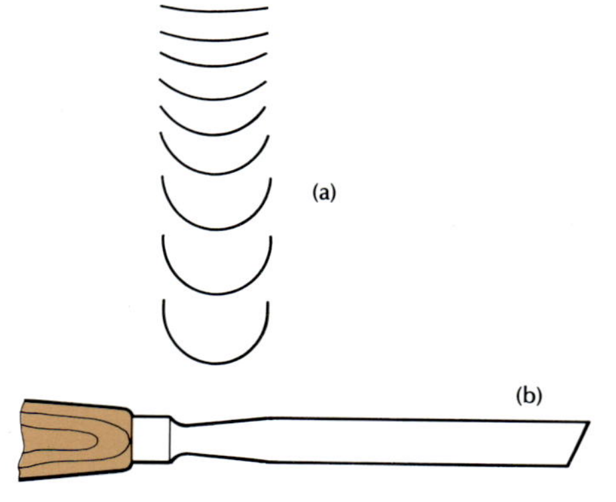

3

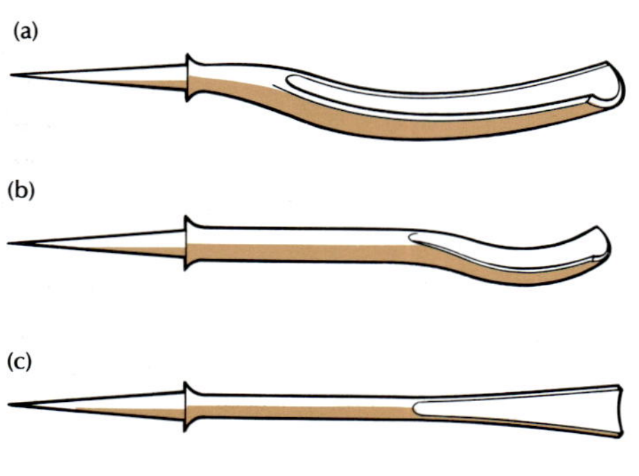

4

Es gibt gebogene Beitel und solche mit ausgestellten Seitenkanten in den gleichen Stichen. Sie haben dann eine entsprechende Numerierung mit anderen Zusatzzahlen. Das Nummernsystem ist auf dem europäischen Kontinent etwas anders als das der Londoner Form in England. Das gebogene Hohleisen (a) wird für das Ausarbeiten von Höhlungen benutzt. Das gekröpfte Hohleisen (b) ist für Arbeiten in engen Vertiefungen geeignet. Das ausgestellte Hohleisen (c) eignet sich hervorragend zum Schlichten.

Ein Bildhauer-Hohleisen ist folgendermaßen aufgebaut:

Klinge Sie sollte aus hochwertigem Stahl geschmiedet ▶ und auf beste Schneidhaltigkeit vergütet sein. Wenn sie auch kräftig sein muß, so darf sie doch nicht zu dick und schwer sein. Die besten Klingen werden immer noch in traditioneller Weise von Hand geschmiedet.

5

◀ **Krone** Sie verhindert, daß die Klinge zu tief in das Heft eindringt. Da die Beanspruchung beim Arbeiten an dieser Stelle besonders groß ist, sollte sie nicht zu schwach sein.

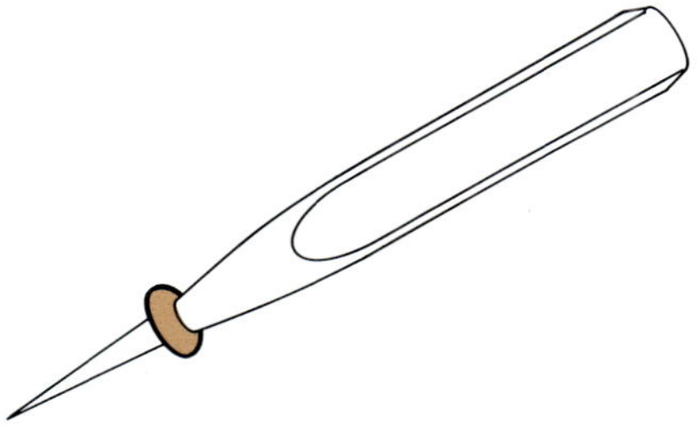

6

Angel Sie wird in das Heft eingelassen. Es ist wichtig, daß ▶ die Angel exakt in der Verlängerung der Längsachse der Klinge verläuft. Ist das nicht der Fall und steht infolgedessen die Klinge schief zum Heft, dann ist ein genaues Arbeiten mit einem solchen Werkzeug sehr schwierig.

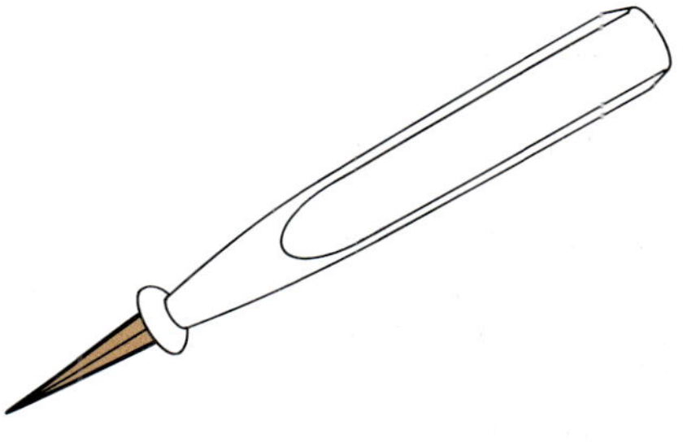

7

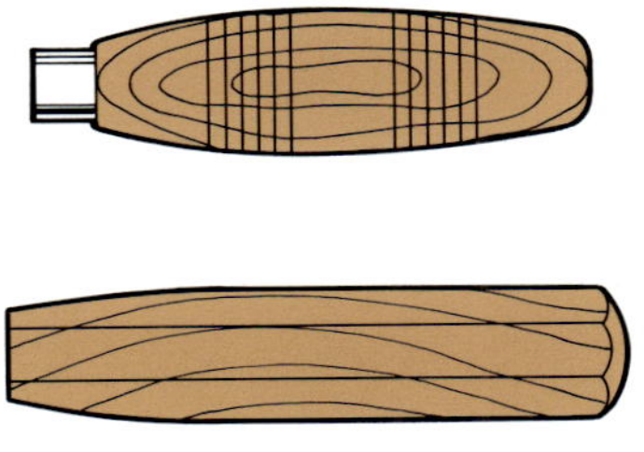

8

◀ **Heft** Es ist entweder aus Buchenholz rund gedrechselt und mit einer Messingzwinge versehen, 115 mm lang, oder aus Eschenholz, achtkantig, mit einer innenliegenden Zwinge, 135 mm lang. Englische Hohleisen haben runde Hefte, die des Festlands achtkantige. Daß das Hohleisen in England etwa 20 mm kürzer ist, liegt wohl daran, daß die Engländer früher meist Eiche verarbeiteten und Klüpfel benutzten, um das Eisen ins Holz zu treiben. In der Schweiz und Österreich wurden weichere Hölzer und die nur mit Muskelkraft bearbeitet und die längeren Eisen boten größere Hebelwirkung.

Die Herstellung von Bildhauer-Stechbeiteln guter Qualität setzt sorgfältige Produktionsverfahren voraus, bei denen oft noch traditionelle Methoden zur Anwendung kommen. Die beiden führenden englischen Hersteller sind Henry Taylor Tools Ltd. in Sheffield und Ashley Iles (Edge Tools) Ltd. in Spilby, Lincolnshire. Beide fertigen ihre Beitel nach der Londoner Form an. Auch der Schweizer Hersteller Pfeil liefert sehr gute Beitel.

Das Schweizer Numerierungssystem weicht von dem der Londoner Form ab. Dies betrifft in erster Linie die flacheren Stiche. So ist die englische Nr. 3 eher mit der Schweizer Nr. 2 vergleichbar und die Schweizer Nr. 3 mit der englischen Nr. 4. Wenn man das weiß und sich immer auf den entsprechenden Katalog bezieht, sollte es keine Mißverständnisse geben.

Es sind auch billige Beitel auf dem Markt, meist aus dem Fernen Osten, von denen man die Finger lassen sollte. Sie sind gewöhnlich sehr viel kleiner. Die meisten Hersteller bieten Werkzeugsätze an. Aber oft ist in einem solchen Satz zumindest ein Beitel, den man nie brauchen wird.

Von den genannten Herstellern liefern Ashley Iles und Pfeil ihre Beitel bereits gebrauchsfertig abgezogen, während Henry Taylor sie nur vorgeschliffen anbietet. Ein Anfänger wird gebrauchsfertige Beitel bevorzugen, aber er sollte auch bedenken, daß die Schneidenschärfe nicht ewig vorhält und er es doch lernen muß, sie neu scharf zu machen. Im Abschnitt über Keilwinkel und das richtige Schärfen der Schneide ist das Wichtigste darüber gesagt. Welche Werkzeuge man kauft, hängt weitgehend vom persönlichen Geschmack und dem Angebot ab. Der Preis sollte nicht entscheidend sein, denn bei richtiger Behandlung hält ein Beitel ein Leben lang. Man kann auch gebrauchte Werkzeuge kaufen. Dann muß man aber aufpassen, daß es Holzbildhauer-Stechbeitel sind und keine umgeschliffenen Zimmermannswerkzeuge. Zimmermanns-Hohleisen lassen sich leicht an dem Hals zwischen Klinge und Krone erkennen.

Für den Anfang kauft man am besten einige gerade Beitel und erweitert das Sortiment erst, wenn man mehr Erfahrung gesammelt hat.

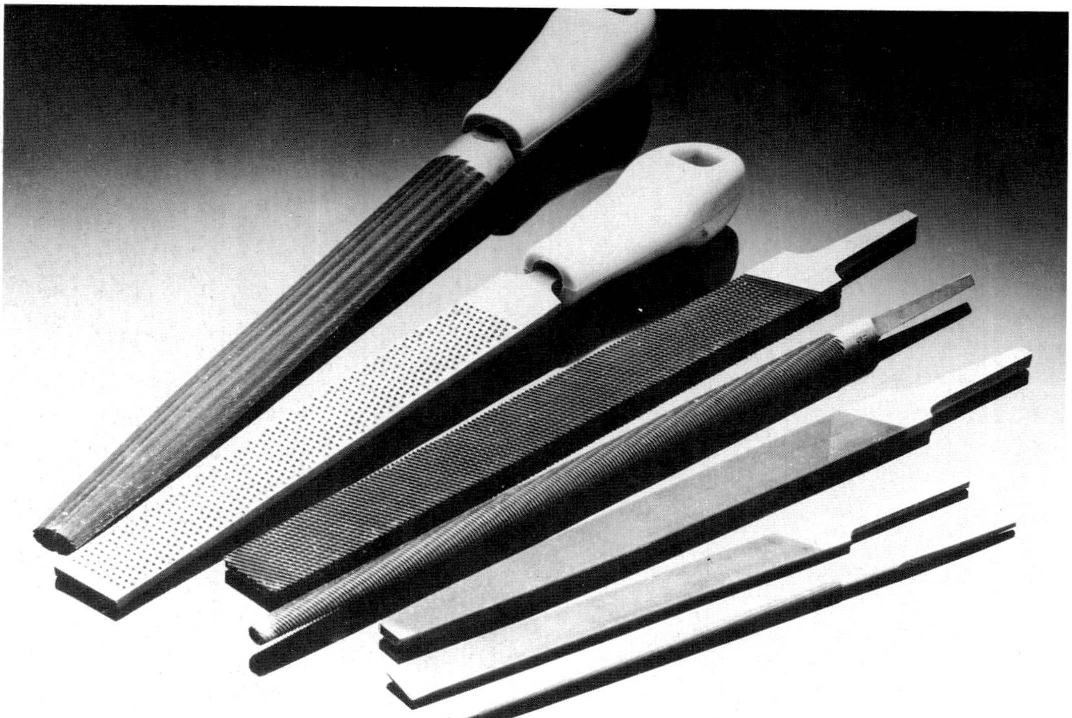

Ein Sortiment der »Filemaster« von der Firma Sandvik

Kurzer geschichtlicher Abriß über die Werkzeuge für Holzbildhauer

Bis zum 19. Jahrhundert ist die Geschichte der Werkzeuge für Holzbildhauer ins Dunkel gehüllt. Es steht jedoch fest, daß die hervorragenden Schnitzarbeiten vergangener Jahrhunderte, von solchen in einfachen Häusern auf dem Lande bis zu denen in Kathedralen, mit nach unseren Begriffen primitiven, vom Dorfschmied angefertigten Werkzeugen geschaffen wurden.

Während des 19. Jahrhunderts erreichte die Holzbildhauerei landesweit ein hohes Ansehen, und es wurden Normen für Sortimente und Formen der Werkzeuge festgelegt. Die Formen gehen im wesentlichen auf die »Sheffield Illustrated List« von 1913 zurück, die »Bibel« der Werkzeugindustrie.

Die wichtigsten Formen und Ausführungen sind: Londoner Form; Schweizer Form; ausgestellt, spatenförmig, gebogen, löffelförmig (gekröpft), löffelförmig (rückwärts gekröpft) und Geißfüße mit Schneidenwinkeln von 45°, 60° und 90°. Alle hatten einen schwarzen Rücken und waren innen strohfarben angelassen.

Die Firmen S. J. Addis und Herring waren im 19. Jahrhundert die bedeutendsten Hersteller. Bis zum Zweiten Weltkrieg kam die überwiegende Menge der verkauften Werkzeuge von ihnen. Beide Marken haben jetzt Sammlerwert. Nach dem Krieg bestand Addis noch unter J. B. Addis weiter fort; Herring ging ein. Aaron Hildick von der Firma Herrig arbeitete dann bei der Firma Henry Taylor Tools Ltd. (gegründet 1834).

1949 brachte Ashley Iles ein völlig neues Sortiment von Bildhauer-Stechbeiteln in Londoner Form auf den Markt, die allseitig hochglanzpoliert waren. 1967 wurde die Firma nach East Kirkby im Herzen von Lincolnshire, in ländliche Umgebung, verlegt.

Außerdem sind ausländische Fabrikate auf dem Markt, etliche von ihnen mit guter Qualität, aber sie erreichen nicht das umfangreiche Angebot britischer Hersteller

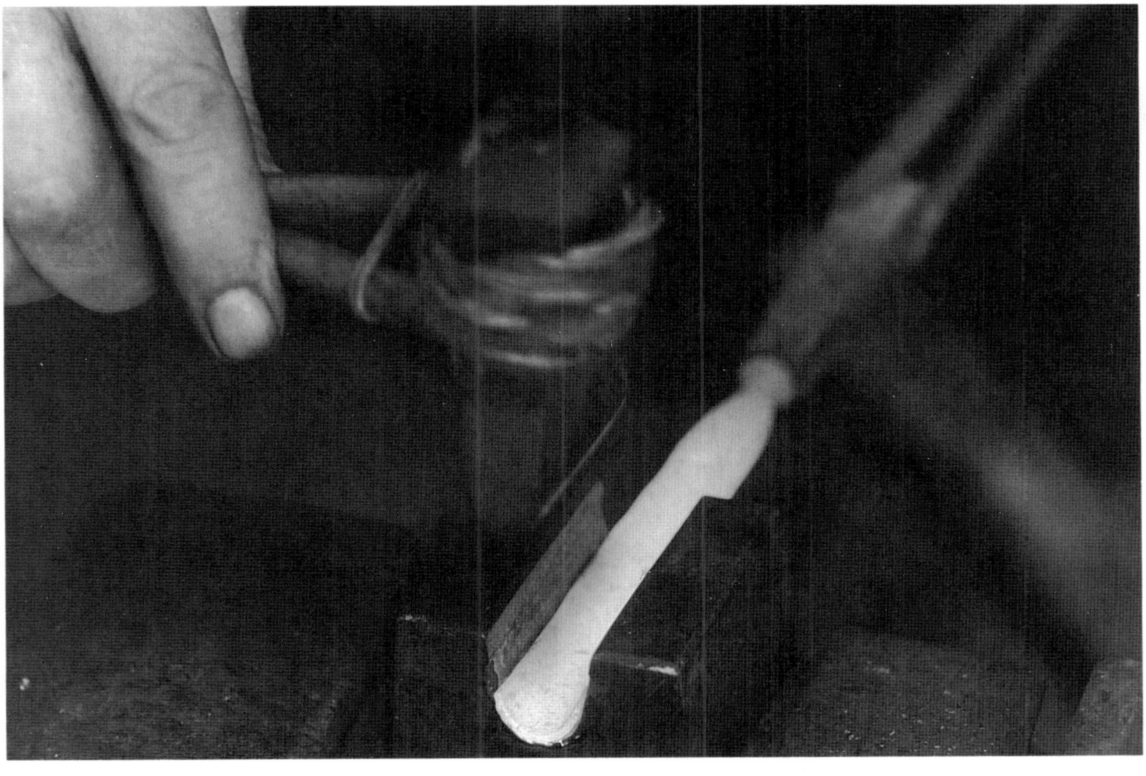

Herstelllung eines Stechbeitels bei Henry Taylor (Tools) Ltd. in Sheffield

Das Hohleisen Nr. 9 (a) hat den am häufigsten gebrauchten Stich aus dem ganzen Sortiment. Es dient zur groben Formgebung und zum Ausarbeiten von Vertiefungen. Im Idealfall sollten zwei Breiten vorhanden sein – 6 mm und 12 mm. Wie Sie sehen, entspricht die Krümmung der Schneide einem Halbkreis. Deshalb kann man ohne Schwierigkeiten Vollkreise damit schnitzen, was z. B. beim Gestalten von Augen hilfreich ist.

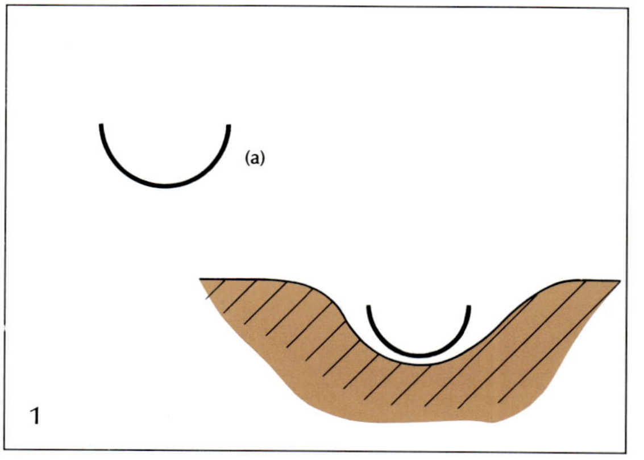

1

Zum Schnitzen von konvexen Partien sind die Hohleisen Nr. 3 (a) und Nr. 4 (b) bestimmt, die flacher gekrümmte Schneiden haben. Eisen mit größerem Stich würden Riefen auf der Oberfläche hinterlassen. Diese Eisen werden auch bei flachen Schälschnitten gebraucht. Es ist zweckmäßig, sie in verschiedenen Breiten zu haben, z. B. Nr. 3 in 9 mm und Nr. 4 in 19 mm Breite.

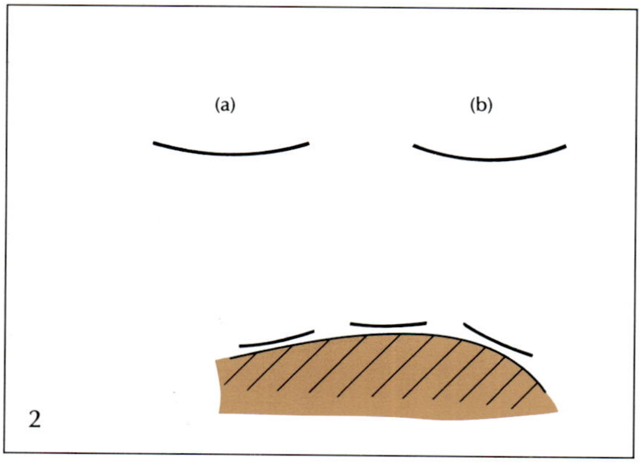

2

Das Eisen Nr. 5 hat ebenfalls eine mittlere Krümmung. Man kann damit mehr Holz wegarbeiten als mit den Eisen Nr. 3 und 4, aber nicht so viel wie mit Eisen Nr. 9. Ideal ist eine Breite von 15 mm.

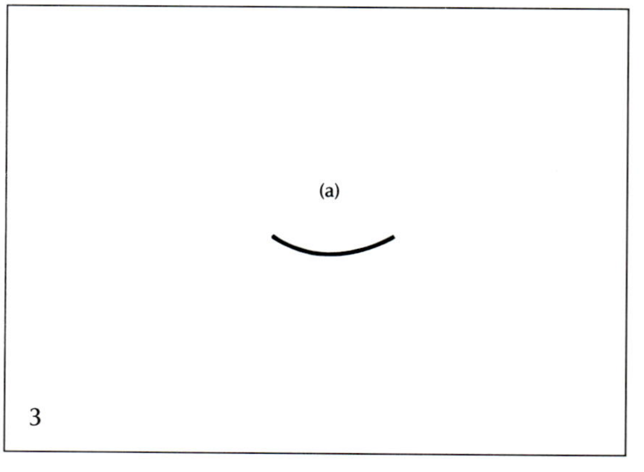

3

Um einen Entwurf vor dem eigentlichen Schnitzen anzuzeichnen oder um Strukturierungen anzubringen, nimmt man entweder die Nr. 11 (a) oder der Geißfuß Nr. 41 (b). Die Nr. 11 wird auch als Ziereisen bezeichnet, weil damit z. B. die Adern auf Blättern herausgearbeitet werden. Diese Bezeichnung läßt sich jetzt noch in Katalogen finden. Der Stich ist U-förmig, und für den Anfang braucht man nur eine Breite von 1,5 mm oder etwas mehr. Ein Geißfuß hat zwei V-förmig angeordnete Schneiden.

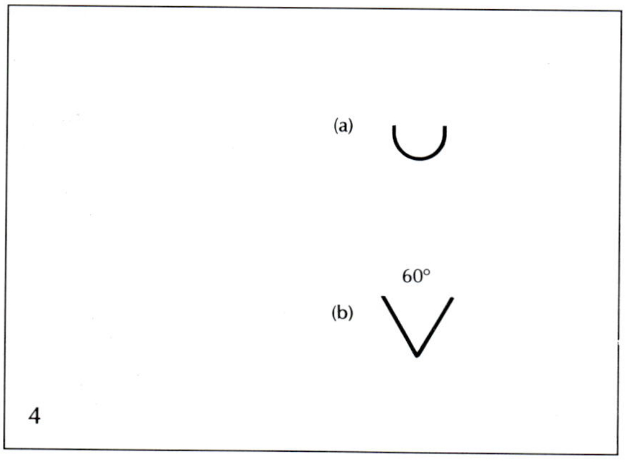

4

Eine Grundausrüstung für die Herstellung von mittelgroßen Schnitzereien sollte folgende Stechbeitel umfassen: gerade Balleisen Nr. 1 Breite 15 mm, Hohleisen Nr. 3 Breite 9 mm, Hohleisen Nr. 4 Breite 19 mm, Hohleisen Nr. 5 Breite 15 mm, Hohleisen Nr. 9 Breite 6 mm, Hohleisen Nr. 9 Breite 12 mm, Ziereisen Nr. 11 Breite 1,5 mm, Geißfuß Nr. 41 Breite 6 mm.
Anmerkung: Nummern und Breiten gemäß Sortiment Londoner Form, nur der Geißfuß ist mit deutscher Numerierung aufgeführt (Fa. Wilh. Schmitt & Comp., Remscheid). Für Schweizer Beitel existiert ein geringfügig abweichendes Nummernsystem, z. B.: London Nr. 3 entspricht etwa Schweizer Nr. 2, London Nr. 4 entspricht etwa Schweizer Nr. 3, London Nr. 5 entspricht etwa Schweizer Nr. 7.
Auch die Breiten sind etwas unterschiedlich, wählen Sie in solchem Fall die nächsthöhere Millimetergröße. Falls Sie größere Skulpturen anfertigen wollen, sollten Sie breitere Eisen anschaffen.

nicht maßstäblich

5

nicht maßstäblich

6

Lernen Sie zunächst einmal, mit dieser Grundausrüstung richtig umzugehen, ehe Sie weitere Eisen kaufen. Nachdem Sie Erfahrung gesammelt haben, werden Sie merken, daß Sie noch zusätzliche Formen und Größen gebrauchen können.
Sie können Ihren Satz dann um folgende Stecheisen erweitern: Nr. 54 x 3 ausgestelltes Balleisen Breite 12 mm, Nr. 3 Hohleisen Breite 1,5 mm, Nr. 4 Hohleisen Breite 4 mm, Nr. 5 Hohleisen Breite 7,5 mm, Nr. 28 Hohleisen Breite 6 mm, Löffelform gekröpft, Nr. 33 Hohleisen Breite 4,5 mm, Löffelform rückwärts gekröpft, Nr. 47 x 3 Balleisen Breite 6 mm, gekröpft
Kaufen Sie zusammen mit den Stechbeiteln auch eine Werkzeugtasche. Eine Tasche mit zwölf Fächern bietet Ihnen noch leere Fächer für spätere Ergänzungen. Das Geld für eine solche Tasche ist gut angelegt, denn darin kann man jedes Eisen separat aufbewahren, so daß es nicht gegen andere stößt und womöglich deren Schneide beschädigt.

pfeil

Gerade Form
Gouge droite
Straight shape

Stichtabelle

Ouvertures des outils

Table of cutting edges

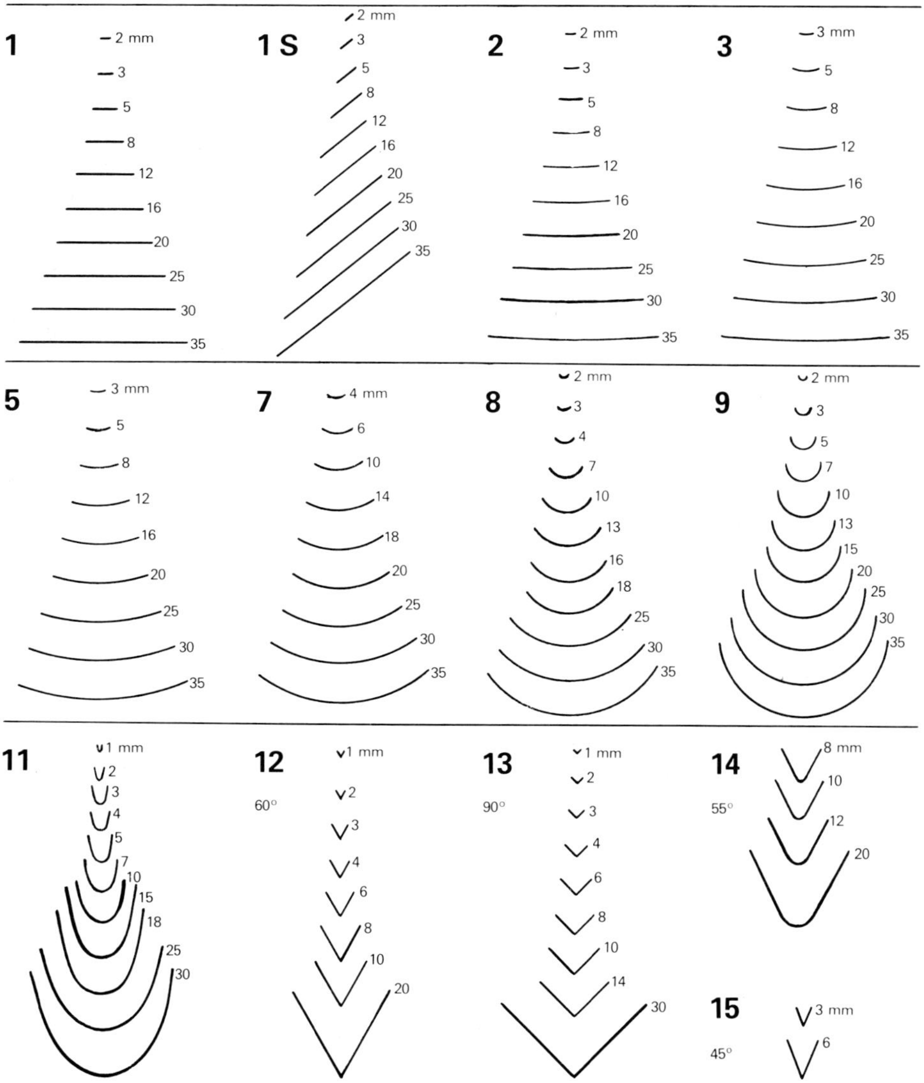

3

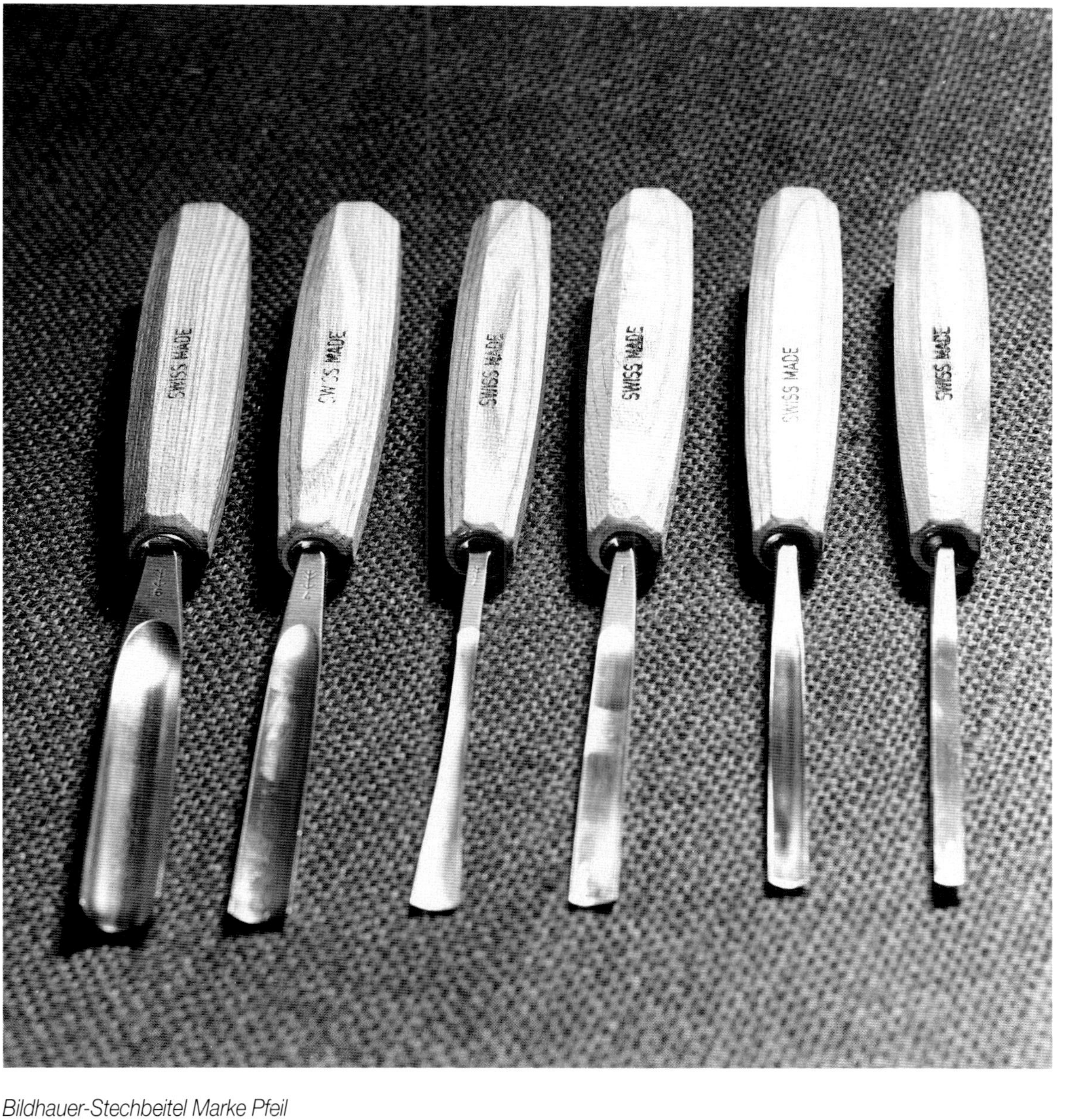

Bildhauer-Stechbeitel Marke Pfeil

Vorige Seite – Tabelle der Bildhauer-Stechbeitel Marke Pfeil

Der Holzbildhauer-Klüpfel (a) ist formal über Jahrhunderte gleich geblieben. Sein Stiel ist kurz, der Kopf rund. Letzteres verhindert, daß ein damit geschlagener Beitel aus der Richtung gelenkt wird (c). Bildhauer-Klüpfel sind meist aus feinporigem Hartholz: Buche oder Pockholz. Der Stiel sollte aus Eschenholz gefertigt sein, das den Rückprall beim Schlag gut dämpft. Für normalen Gebrauch reicht ein Klüpfel mit 90 mm Kopfdurchmesser aus. Der Zimmermanns-Klüpfel (b) hat einen kantigen Kopf. Schlägt man mit ihm nicht genau in Richtung der Längsachse des Beitels, wird dieser abgelenkt (d).

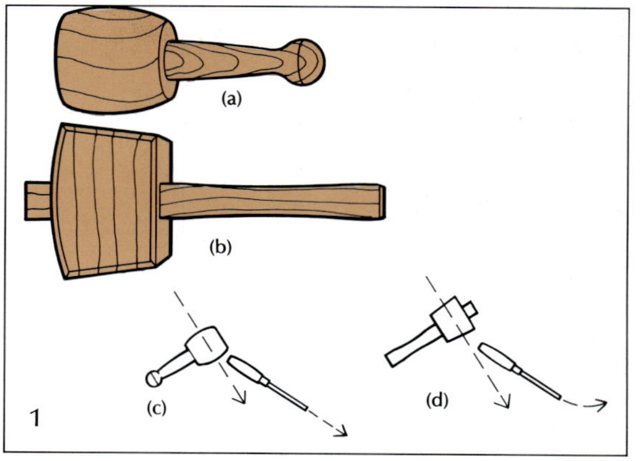

1

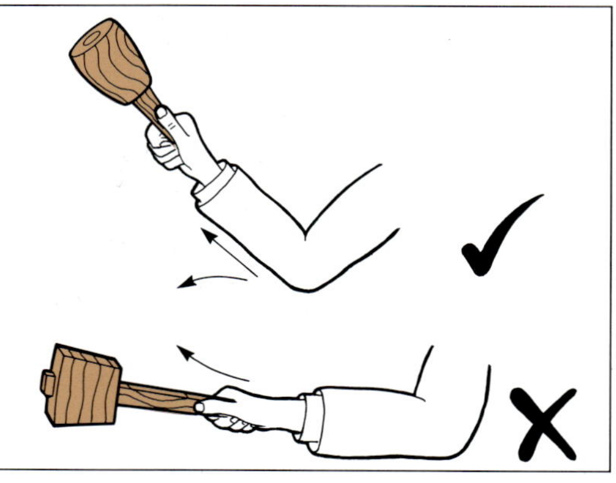
2

Da der Bildhauer-Klüpfel nur einen kurzen Stiel hat, muß der Schlag aus dem Ellenbogengelenk mit steifgehaltenem Handgelenk geführt werden. Es wäre falsch, den Schlag aus dem Handgelenk wie bei einem Hammer oder einem Zimmermanns-Klüpfel zu führen.

Für das Zuschneiden der Rohlinge braucht man einen einfachen Fuchsschwanz (a). Zum Zurichten von kleinen Partien ist eine Kopiersäge (b) recht hilfreich. Man spart viel Zeit und Mühe, wenn der Zuschnitt an einer Bandsäge erfolgt. Für einen Anfänger ist sie zu teuer, aber vielleicht darf man die Bandsäge eines Nachbarn benutzen.

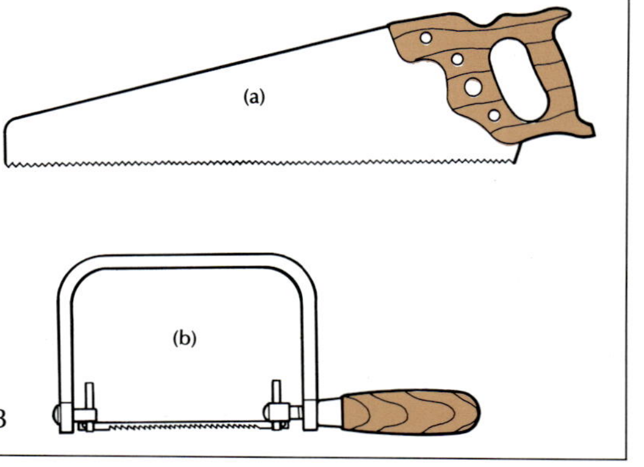

3

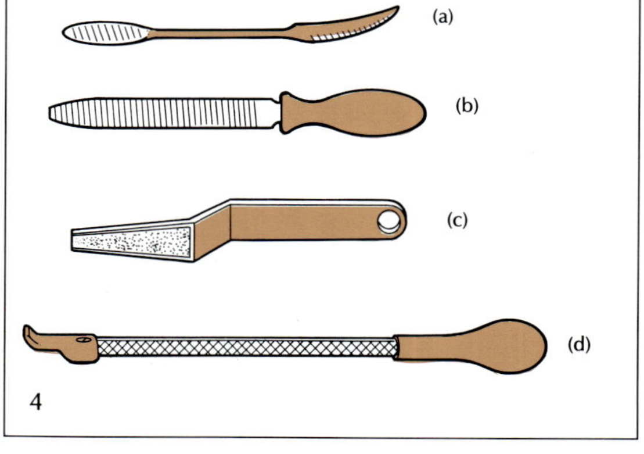

4

Kleine Feilen (a), Riffler genannt, gibt es in vielen Formen und mit grobem und feinem Hieb. Eine normale Raspel (b) ist meist zu grob und beschädigt auch die Holzfasern unter der unmittelbaren Oberfläche, der »Filemaster«, Fabrikat Sandvik, dagegen schafft glatte Flächen. Von der Firma Sandvik ist auch die »Sandplate« (c) recht brauchbar, ebenso von der Firma Stanley die »Surform-Werkzeuge« (d), besonders die runde Ausführung. Mit keinem anderen Werkzeug erreicht man jedoch eine so saubere Oberfläche wie mit einem richtig scharfen Beitel.

Sägen Marke Sandvik

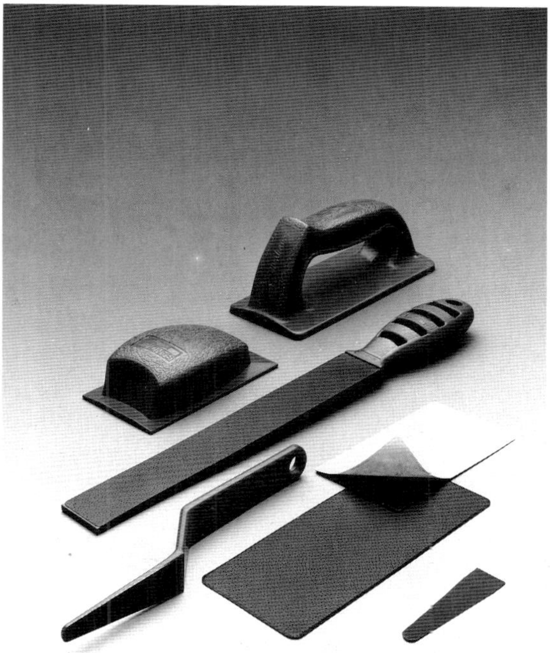

Sandplate-Programm Marke Sandvik

Surform-Werkzeug Marke Stanley

Eine gute Werkbank gehört zur Ausrüstung. Sie muß robust genug sein, um Erschütterungen beim Schnitzen aufzufangen. Anfänglich mag das Schnitzen auf einem Küchentisch noch gehen, aber irgendwann braucht man eine richtige Werkbank. Das Modell »Workmate« von Black & Decker ist vielseitig und für leichte Schnitzarbeiten und Reliefschnitzen robust genug. Auf seiner Platte kann man einen Bildhauer-Schraubstock befestigen. Ein Nachteil ist die niedrige Höhe, denn wie die meisten Werkbänke ist die Bank hauptsächlich für Sägearbeiten ausgelegt, bei denen man sich über die Bank beugt.

1

2

Gewerbliche Hobelbänke sind recht teuer. Bei den meisten Fabrikaten beträgt die Arbeitshöhe 820 mm, so daß sich eine mittelgroße Person über das Werkstück herunterbeugen muß, allerdings kann man durch untergeschraubte Kanthölzer die Arbeitshöhe vergrößern. Namhafte Werkbankfabriken stellen auch höhere Hobelbänke her, die sich gut für das Reliefschnitzen eignen, aber weniger für das Arbeiten an Skulpturen.

Will man längere Zeit hintereinander arbeiten, so ist eine bequeme Haltung sehr wichtig. Ist die Arbeitsplatte auch nur ein wenig zu niedrig, bekommt man Rückenschmerzen. Probieren Sie mehrere Arbeitshöhen aus, um die beste herauszufinden. Wollen Sie die Werkbank für unterschiedliche Arbeiten benutzen, befestigen Sie Klötze mit Schlüsselschrauben unter den Beinen der Bank.

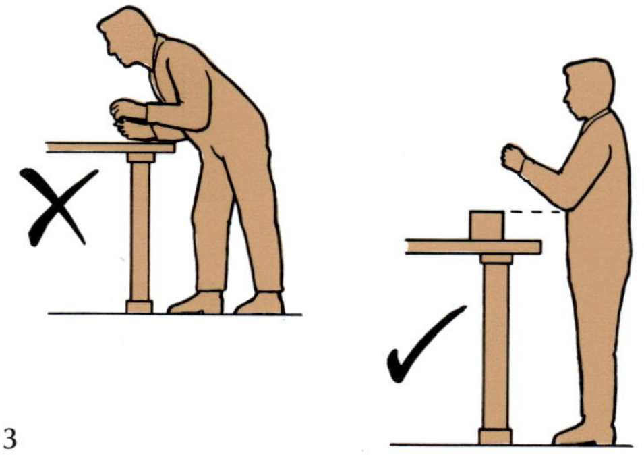
3

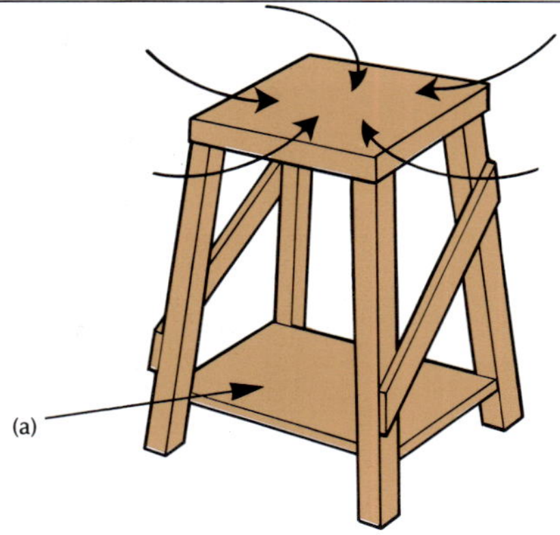

4

Bei Bildhauerarbeiten muß man um das Werkstück herumgehen und überall gut herankommen. Dazu braucht die Werkbank nur eine kleine Arbeitsplatte zu haben, 500 mm im Quadrat. Steht man aufgerichtet vor der Werkbank, sollte das Werkstück in Brusthöhe sein. Mit Spannvorrichtung sollte die Platte eine Höhe von 860 bis 920 mm haben. Die gesamte Konstruktion muß kräftig sein, mit schräg nach außen stehenden (= ausgestellten) und starr miteinander verbundenen Beinen. Um den Schwerpunkt nach unten zu verlagern, kann ein Gewicht (Betonklotz) auf das untere Brett (a) gelegt werden.

»Workmate« von Black & Decker

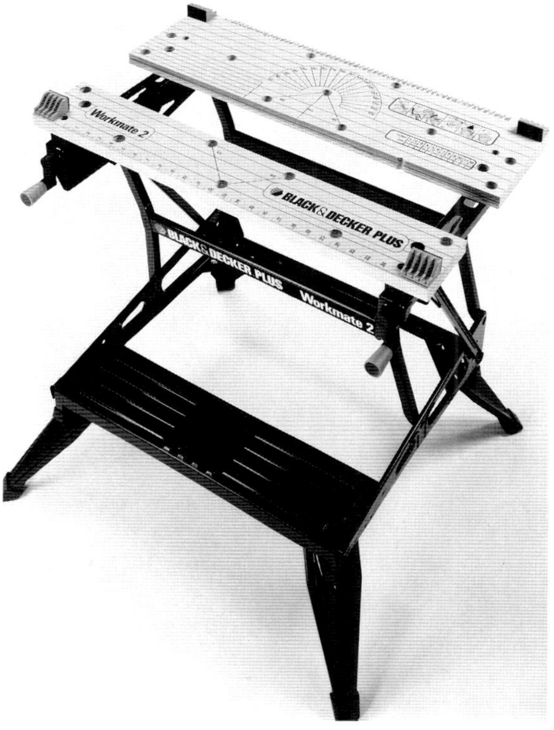

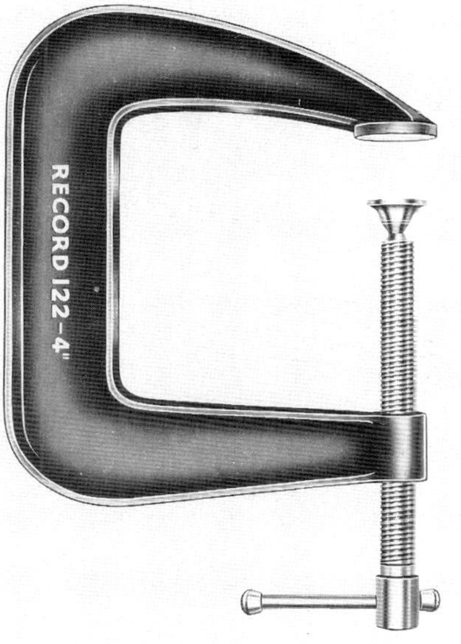

Schraubzwinge Marke Record

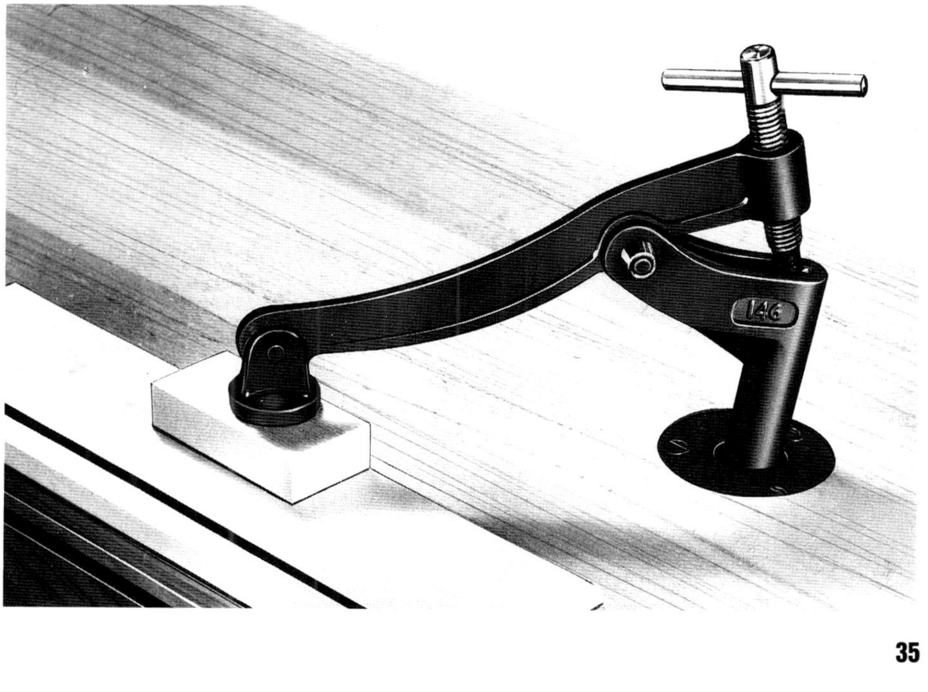

Winkelhaken
Marke Record

Werkbank Marke Lervad

Checkliste für Werkbänke

- Betrachten Sie die Anschaffung einer Werkbank als langfristige Investition.
- Überzeugen Sie sich vor dem Kauf, daß das von Ihnen ausgewählte Modell stabil gebaut ist.
- Bei normaler Benutzung tut eine Werkbank jahrelang ihre Dienste.
- Halten Sie Schmutz und Öl von Ihrer Werkbank fern und erledigen Sie darauf keine Malerarbeiten.
- Schneiden Sie sich eine Abdeckung aus Sperrholz oder Spanplatte zu, um die Werkbankplatte zu schonen.

Werkbank Marke Sjborg

Bildhauer-Werkbank mit Schraubstock Marke Tiranti Scopas

Der Einsatz von Bankhaken

Tips zur Werkbank

- Die häufigste Ursache für Rückenschmerzen liegt in falscher Werkbankhöhe.
- Da Sie mit Schnitzarbeiten stundenlang beschäftigt sein können, sollten Sie sich die Zeit nehmen, um die optimale Arbeitshöhe herauszufinden.
- Es kann sein, daß Sie unterschiedliche Arbeitshöhen für Skulpturen und für Reliefschnitzereien benötigen.

Es gibt viele Möglichkeiten, einen Holzklotz für Schnitzarbeiten einzuspannen. Die einfachste besteht darin, den Klotz unten so zu formen, daß er in den Spannbereich des »Workmate« von Black & Decker (a) oder in einen gewöhnlichen, in eine Hobelbank gespannten Bildhauer-Schraubstock paßt. Für normale Schnitzarbeiten reicht es aus, wenn das Einspannstück 20 mm hoch ist. Ein sechseckiges Einspannstück (b) bietet mehr Umspannmöglichkeiten. Nach Fertigstellung der Schnitzerei wird das Einspannstück entfernt. Man kann auch ein separates Einspannstück unten an den Rohling leimen. Wenn man Karton dazwischenlegt, läßt es sich später leicht ablösen. Problematisch ist nur, daß man meist zusätzlich Schrauben anbringen muß, um die beiden Teile sicher zu verbinden. Am fertigen Stück sind dann unten häßliche Schraubenlöcher zu sehen. Kork oder Filz darunterzukleben sieht nicht besonders fachgerecht aus.

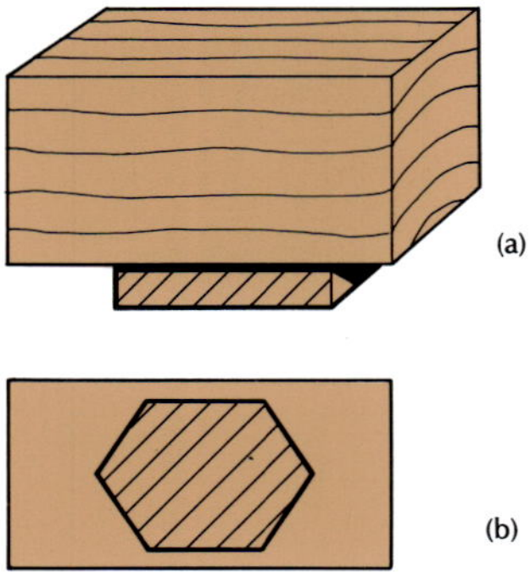

1

Die Bildhauer-Figurenschraube ist schon viele Jahre auf dem Markt. Die Spitze trägt ein Holzschraubengewinde, mit dem sie in ein vorgebohrtes Loch unten im Rohling geschraubt werden kann. Dann wird die Figurenschraube durch ein Loch in der Werkbankplatte gesteckt und von unten mit dem Spanngriff festgezogen. Nachteilig dabei sind: erstens wieder das häßliche Schraubenloch unten in der Schnitzerei; zweitens kann sich die Spannung im Laufe der Arbeit allmählich lösen; drittens besteht die Gefahr, daß man beim Schnitzen in der Nähe der Schraube mit der Schneide des Beitels durch das Holz hindurch auf die Schraube trifft.

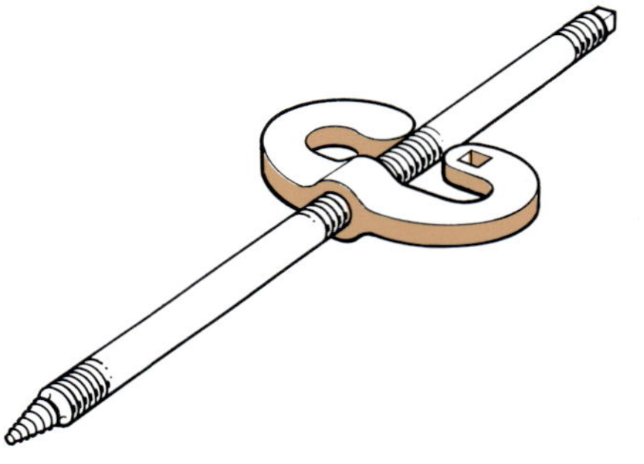
2

Solche Holzbildhauer-Schraubstöcke sind seit mehr als 80 Jahren weit verbreitet. Sie sind vielseitig einsetzbar und haben eine beträchtliche maximale Spannweite zwischen den Backen, die mit Kork oder Leder belegt sind. Sie sind sehr empfehlenswert. Es gibt jetzt auch Schraubstöcke, die sich um 360° schwenken lassen, manche sowohl in der Vertikalen als auch in der Horizontalen. Diese Schwenkbarkeit wird durch ein Kugelgelenk ermöglicht. Sie erfüllen ihren Zweck recht gut, erstklassige Fabrikate sind aber sehr teuer. Eine zuverlässige Spannvorrichtung ist für den Erfolg beim Schnitzen unabdingbar, und das dafür ausgegebene Geld zahlt sich über Jahre hinaus aus.

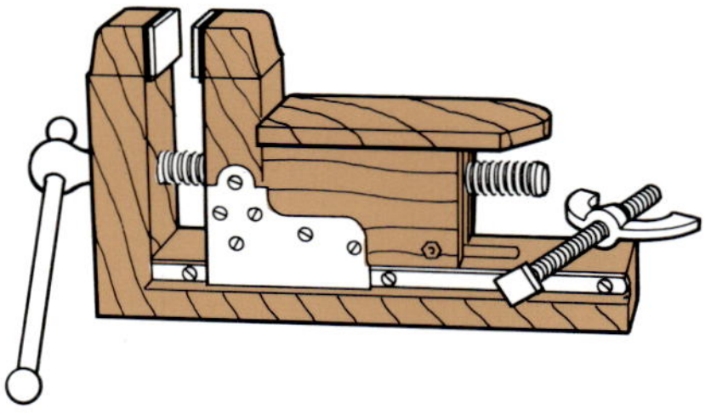
3

Zum Reliefschnitzen spannt man ein flaches Stück Holz (b) an gegenüberliegenden Seiten mit zwei Schraubzwingen (a) auf die Arbeitsplatte. Um Druckstellen auf dem Holz zu vermeiden muß jeweils ein Stück Abfallholz (c) zwischen Zwinge und Werkstück gelegt werden. Man darf nur nicht beim Schnitzen den Zwingen zu nahe kommen, sonst könnte die Schneide des Beitels beschädigt werden. Ein beidseitiges Abfälzen des Werkstücks (d) läßt die Zwingen zum Teil aus dem Arbeitsbereich verschwinden.

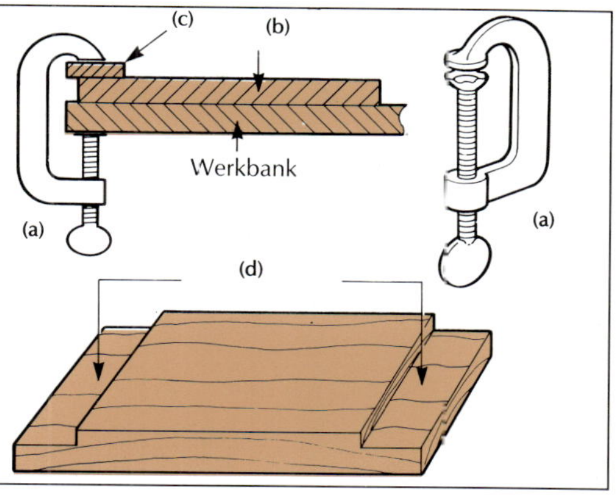

4

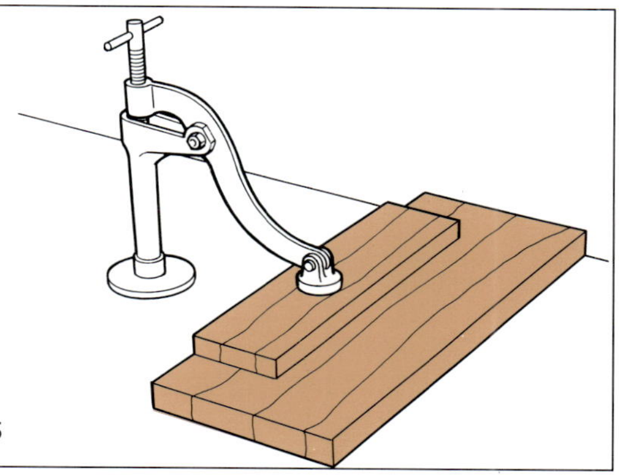

5

Für den Einsatz eines Winkelhakens muß ein entsprechendes Loch in die Werkbankplatte gebohrt werden. Der Winkelhaken hält flache Werkstücke sehr gut fest. Damit sich das Werkstück nicht um diesen einen Spannpunkt drehen kann, legt man doppelseitiges Klebeband oder dünnen Schaumstoff zwischen Werkstück und Arbeitsplatte. Ein Stückchen Abfallholz zwischen Spannpratze und Werkstück verhindert Druckstellen.

Eine andere alte Spannmethode, ist der Einsatz kleiner Spannklauen aus Hartholz. Sie werden an zwei Seiten des Werkstücks auf die Arbeitsplatte geschraubt. Die Aussparung (a) in der Klaue muß etwas kleiner sein als die Stärke des Werkstücks an der Spannstelle. Will man keine Schraubenlöcher in die Arbeitsplatte bohren, kann man die Spannklauen auch auf einem Grundbrett (b) anbringen und mit Schraubzwingen auf der Arbeitsplatte befestigen.

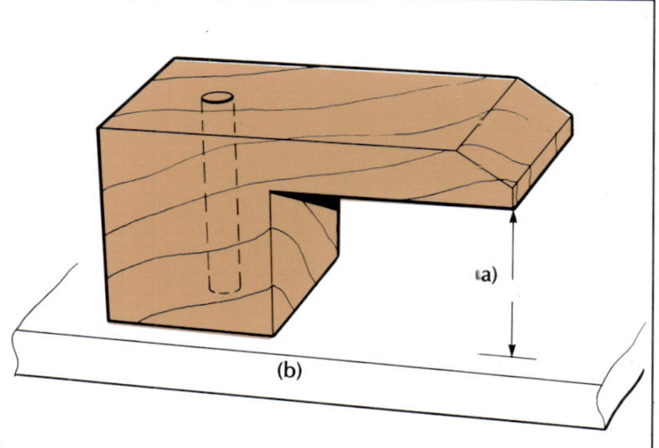

6

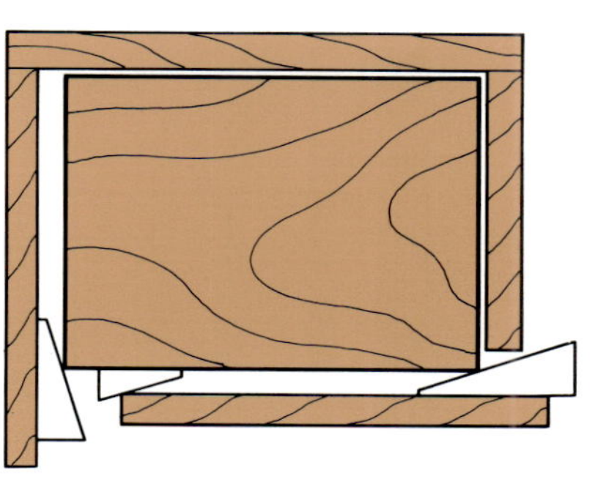

7

Auf ein Grundbrett entsprechender Größe und Stärke kann man auch Hartholzleisten leimen und nageln. Das Werkstück wird dann mit Keilen gehalten, wobei Pappstreifen zwischengelegt werden. Die Hartholzleisten müssen niedriger sein als das Werkstück, und die Spannung erfordert eine allseitig feste Anlage. Das Grundbrett kann wiederum mit Schraubzwingen auf die Arbeitsplatte oder mit einem untergeschraubten Klotz in einen Schraubstock gespannt werden.

Hohleisen werden von außen angeschliffen und erhalten zwei Fasen. Die Fase (a) bis zur Schneide wird durch Abziehen auf einem Ölstein erzeugt. Meist wird die dahinter liegende Fase (b) im Winkel von 40° angeschliffen. An Hohleisen zum Schlichten kann diese Fase auch flacher sein, z. B. 30°. Es müssen zwei Fasen vorhanden sein, da das Hohleisen mit nur einer Fase im Bogen schneiden würde (c). Die hinten liegende Fase gibt dem Werkzeug die Führung, damit steuert man auch die Schnittiefe. Auf Seite 46 erfahren Sie mehr über die Fasen.

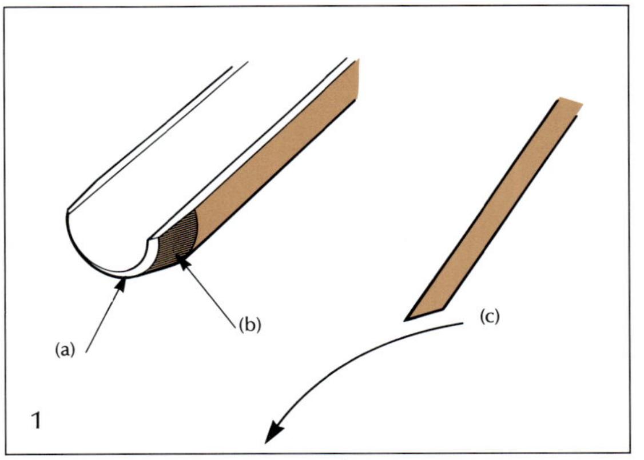

1

Ölsteine gibt es in verschiedenen Körnungen. Natürliche Steine (Arkansas) sind besser als künstliche Steine (India). Kombinationssteine, eine Seite grob, die andere mittel oder mittel und fein, bieten preisliche Vorteile. Zum Abziehen gibt man etwas dünnflüssiges, säurefreies Maschinenöl auf den Stein, das man nach Beendigung des Abziehens abwischt. Reinigen Sie die Steine mit Spiritus. Bewahren Sie sie stets in den (meist mitgelieferten) Holzkästen auf, um sie vor Beschädigungen zu schützen.

2

Zum Üben der Haltung und des Bewegungsablaufs nehmen Sie am besten erst einmal ein Holzbrettchen anstelle des Abziehsteins. Nehmen Sie das Hohleisen in die rechte Hand mit dem Griff in der Handfläche und dem Zeigefinger entlang der Klinge (a). Die ersten beiden Finger der linken Hand werden kurz hinter der Schneide quer über die Klinge gelegt (b). Linkshänder ergreifen das Werkzeug sinngemäß andersherum.

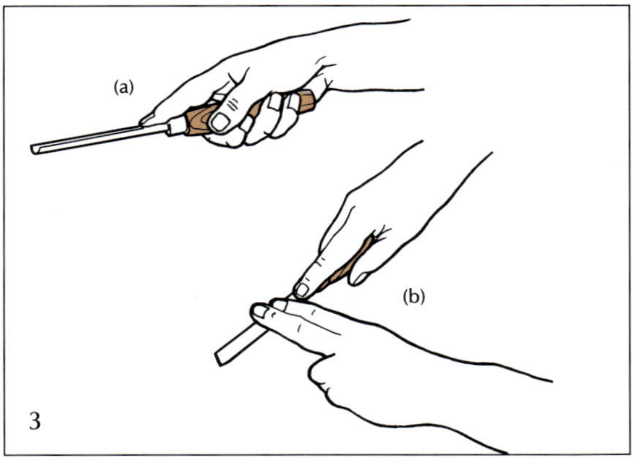

3

Halten Sie das Hohleisen nicht verkrampft und bringen Sie die Schneide auf die Holzfläche. Dabei muß die hintere Fase aufliegen (a). Heben Sie die rechte Hand soweit an, daß das Werkzeug den richtigen Neigungswinkel für die vordere Fase einnimmt (b). Mit beiden Fingern der linken Hand drücken Sie auf die Klinge. Das Hohleisen wird so mit der linken Hand seitlich nach links und rechts über die Holzoberfläche geführt (c). Dabei drehen Sie das rechte Handgelenk hin und her, so daß die gesamte Krümmung der Schneide mit der Holzoberfläche in Kontakt kommt (d).

4
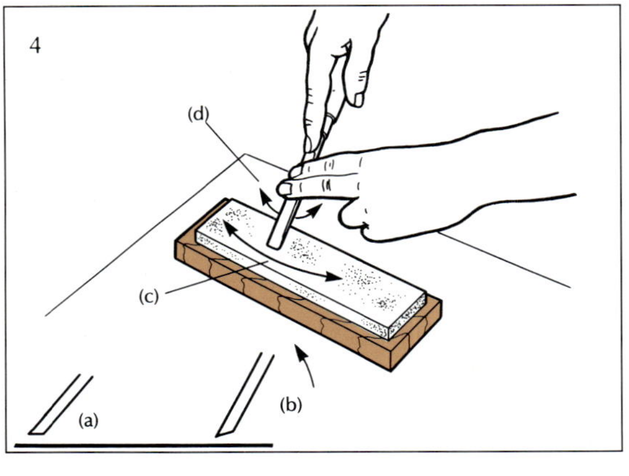

India-Steine bestehen aus Korund (Al_2O_3) und sind nicht so fein wie die Arkansas-Steine. Ölsteine aus Siliziumkarbid (SiC) nutzen sich rasch ab. Es gibt Kombinations-Steine mit feiner (a) und grober (b) Seite. Auf japanischen Wassersteinen kann man eine Schneide sehr fein abziehen, sie sind aber nur etwas für Spezialisten. Formsteine gibt es in Sätzen (c), sie werden zum Abziehen der Innenfläche von Hohleisen gebraucht. Schaffen Sie sich einen Satz Arkansas-Formsteine und leichtes Maschinenöl oder ein Marken-Honöl an.

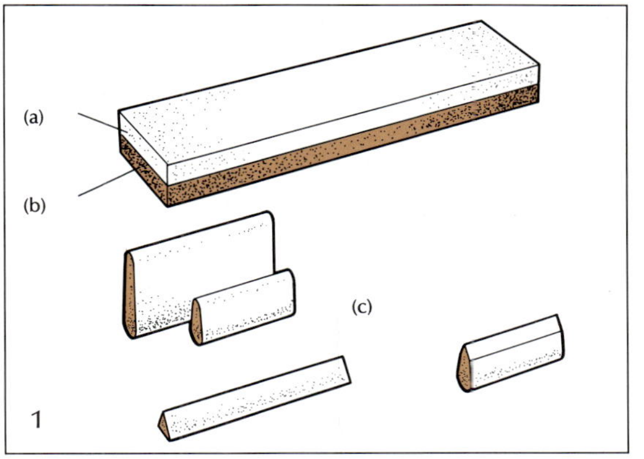

1

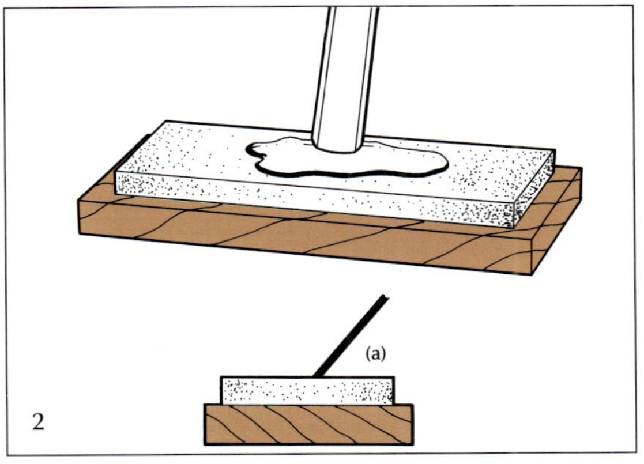

2

Zunächst werden einige Tropfen Maschinen- oder Honöl auf den Ölstein gegeben. Dann bringt man das Hohleisen wie beschrieben auf den Stein. Es wird im Winkel von 40° gehalten (a). In dieser Stellung wird das unmittelbar vor der Schneide befindliche Öl weggedrängt. Anschließend führen Sie das Hohleisen auf dem Stein von einer Seite zur anderen und drehen Sie das Heft hin und her.

Wenn das Abziehen richtig ausgeführt wird, zeigt sich eine wie poliert aussehende Fase von etwa 1 mm Breite, die entlang der gesamten Schneide gleich breit sein muß (a). Bei der Abweichung nach (b) ist das Heft nicht genug gedreht worden. Wenn die polierte Fase die Schneide erreicht hat, kann man an der Innenfläche des Hohleisens einen Grat fühlen. Solange er nicht zu fühlen ist, hat die Schneide noch nicht ihre richtige Schärfe erreicht, meistens weil das Hohleisen zu flach geneigt gehalten wurde.

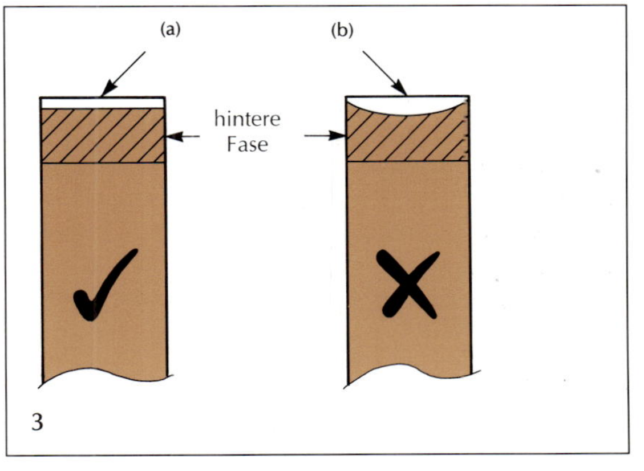

3

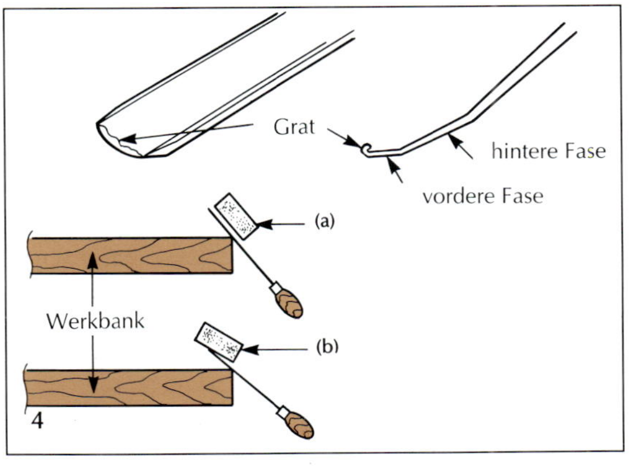

4

Den Grat mit einem passenden Formstein, der mit etwas Öl benetzt ist entfernt man (b). Legen Sie das Hohleisen fest gegen die Kante der Arbeitsplatte und bewegen Sie den Abziehstein in der Höhlung der Klinge vor und zurück. Meist wird der Abziehstein flach auf die Hohlfläche der Klinge gelegt (a), kippt man ihn etwas an, erhält man innen an der Schneide eine winzige Fase. Besonders beim Reliefschnitzen ziehen diese viele Holzbildhauer vor, da sie das Hohleisen dann auch verkehrt herum benutzen können.

Es ist entscheidend, daß Unterarm und Hohleisen eine gerade Linie bilden, damit man den Winkel ständig einhält. Jede Auf- und Abbewegung der Hand, die das Hohleisen hält, hat zur Folge, daß die Abziehfase nicht flach, sondern rund wird und in die rückwärtige Schliffase übergeht. Es kommt beim Abziehen außerdem auf die richtige Arbeitshöhe an. Sie darf nicht zu hoch sein. Das Hohleisen muß im Winkel von etwa 40° gehalten werden (a). Befestigen Sie den Ölstein entsprechend Ihrer Körpergröße auf einem Bord.

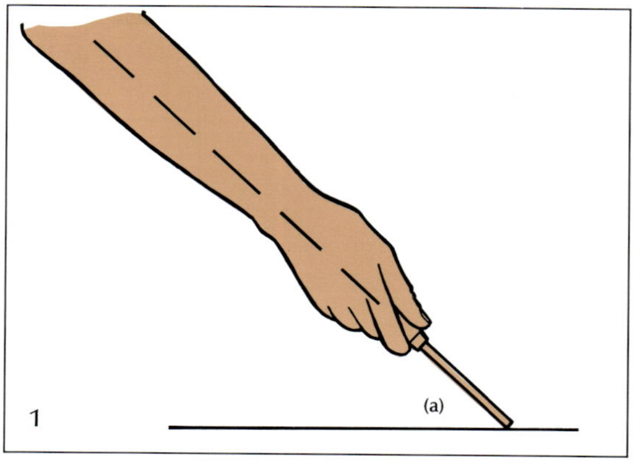

1

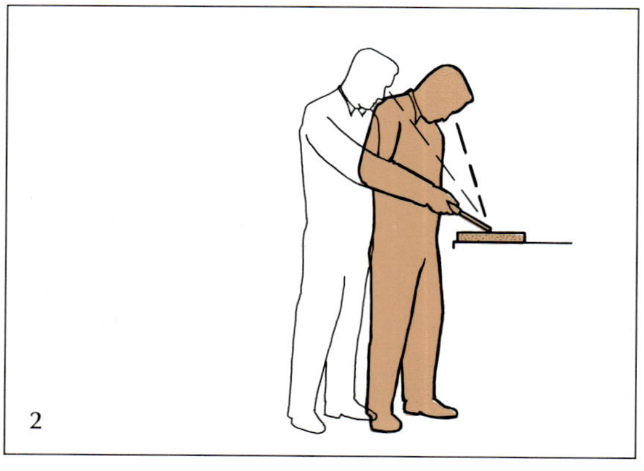
2

Auch wenn man den Arm gerade halten muß, so sollte man doch beim Abziehen nicht zu steif stehen. Die Bewegungen müssen fließend erfolgen. Lassen Sie den Ellbogen des Arms, dessen Hand das Heft hält, in Hüftnähe, dann können Sie den Winkel leichter konstant halten. Lassen Sie das Hohleisen nicht aus den Augen. Stehen Sie nicht zu weit zurück.

Die Schneide des Hohleisens gleitet im Bogen über den Ölstein (a). Das ist korrekt. Einige Holzbildhauer bevorzugen demgegenüber eine Bewegung, die einer Acht entspricht (b), und behaupten, daß so der Stein gleichmäßiger abgenutzt wird. Man wird zunächst einige Schwierigkeiten haben, die Bewegung in Form einer Acht mit der Drehbewegung der anderen Hand zu koordinieren.

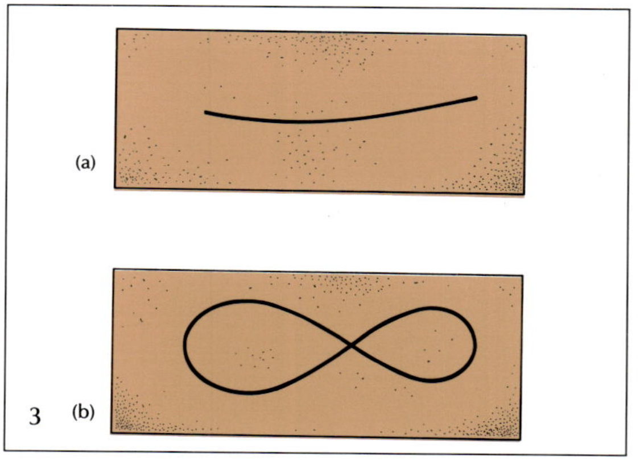

3

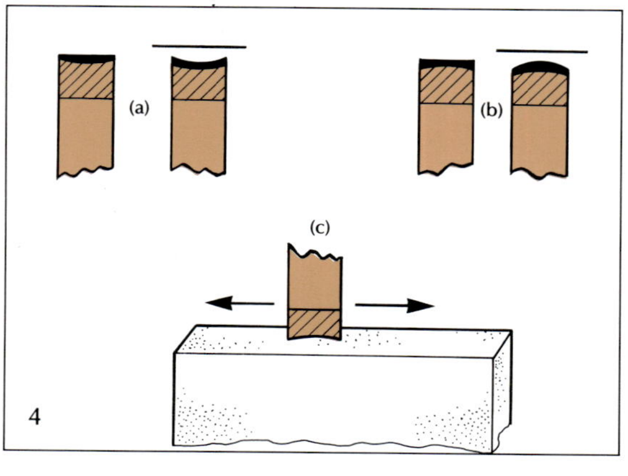

4

Kontrollieren Sie die Form der Schneide mit einem Lineal, sie sollte möglichst ganz geradlinig sein. Man sollte in der Mitte oder an den Ecken nicht zuviel wegnehmen. Fehler zeigen sich frühzeitig an der hinteren Begrenzungslinie der Abziehfase. Bei (a) wurde während des Abziehens zu wenig gedreht. Bei (b) war die Drehung zu groß. Diese Fehler sind am häufigsten. Korrigieren Sie die Schneide, indem Sie sie an der Seitenfläche des Ölsteins bei genau rechtwinklig dazu gehaltenem Hohleisen wieder gerade abrichten.

Den Schluß des Abziehens bildet das Polieren der Fase auf einem Streichriemen. Man kann eigens dafür präparierte Streichriemen kaufen oder auch jedes gerauhte Lederstück – glattes geht nicht so gut – von rund 230 mal 75 mm Größe verwenden. Mit Zugabe von feinster Polierpaste werden die Fasen darauf spiegelblank abgestrichen. Solche Paste kann man fertig kaufen oder selbst aus Pariser Rot und etwas Talg oder Vaseline anmischen. Die Paste wird gründlich in das Leder einmassiert.

1

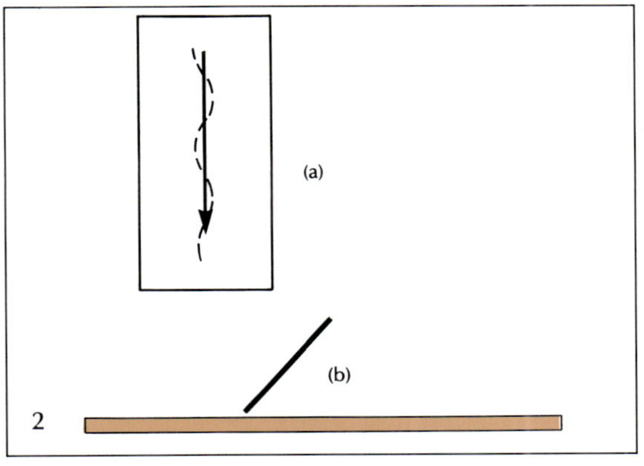

2

Legen Sie das Leder auf eine ebene Fläche und ziehen das Hohleisen über die ganze Länge zu sich heran. Drehen sie es hin und her, damit alle Partien der Krümmung mit dem Leder in Berührung kommen (a). Halten Sie das Hohleisen im gleichen Winkel, damit die beiden Fasen nicht ineinander übergehen (b). Die hintere Anschliffase wird unter einem flacheren Winkel für sich abgestrichen. Schneiden bleiben – öfters abgestrichen – scharf.

Um auch die Innenseite der Schneide spiegelblank polieren zu können, müssen Sie sich passende Rundhölzer – Bambus ist dafür gut geeignet – zurechtmachen, mit weichem Leder (rauhe Seite nach außen) bekleben und mit Polierpaste einmassieren. Für die unterschiedlich gekrümmten Hohleisen werden Sie eine Reihe individueller Rundhölzer zurechtmachen müssen.

3

4

Mit einem alten Waschmaschinenmotor und einer auf dessen Wellenende befestigten Holzscheibe kann man sich ein elektrisch angetriebenes Streichleder bauen. Das Leder wird auf die Holzscheibe geklebt und mit Paste eingerieben. Sie müssen beim Abstreichen auf dieser laufenden Scheibe immer darauf achten, daß Sie mit der Schneide streichen und niemals gegen sie, da sich die Schneide sonst sofort in die Scheibe eingräbt und ein Unfall die Folge sein kann. Markieren Sie deshalb die Drehrichtung der Scheibe ganz deutlich und auffällig!

Das Balleisen ist von beiden Seiten angeschliffen (a). Das Abziehen auf dem Ölstein erfolgt in Längsrichtung (b). Halten Sie einen Winkel von 15° bis 20° ein (c), und zählen Sie die Bewegungen für jede Seite, um die Fasen gleichgroß zu machen. Den an der Schneide entstehenden Grat entfernen Sie auf dem Streichriemen.

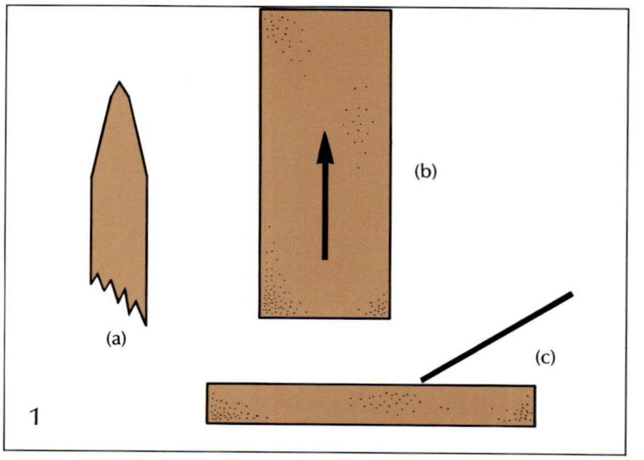

1

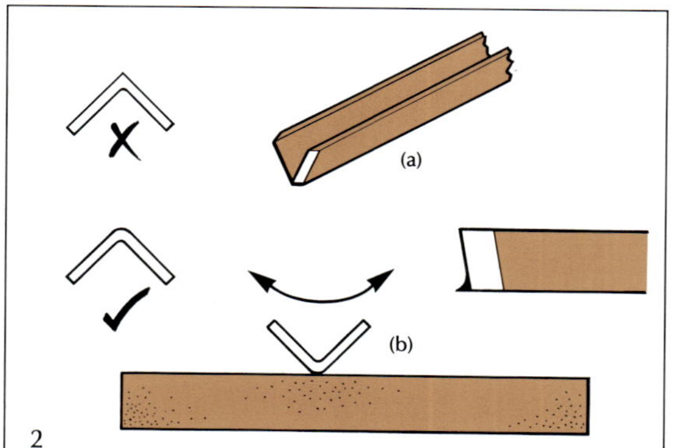

2

Der Geißfuß wird in gleicher Weise abgezogen. Beachten Sie aber, daß nur die Flanken Schneiden wie die eines Meißels haben. Dort, wo sie zusammenlaufen, hat der Geißfuß keine scharfe Ecke, sondern eine Rundung wie bei einem kleinen Hohleisen (a). Beim Abziehen der Flanken kann an dem Punkt, wo sie sich treffen, eine kleine Spitze, ähnlich einem Haken, entstehen. Diese Spitze wird durch Hin- und Herdrehen, wie bei einem Hohleisen, entfernt (b). Gehen Sie dabei aber behutsam vor.

Das Ziereisen Nr. 11 hat eine U-Form. Es wird wie ein Hohleisen geschärft. Das extreme Hin- und Herdrehen kann allerdings Schwierigkeiten bereiten. Beginnen Sie daher etwas seitlich vom tiefsten Punkt und drehen von dort nach außen und zurück. So verfahren Sie nacheinander mit beiden Seiten und zählen dabei die Bewegungen. Dann holen Sie die untere Partie durch vorsichtiges Abziehen nach. Halten Sie beim Abziehen den Winkel möglichst flach.

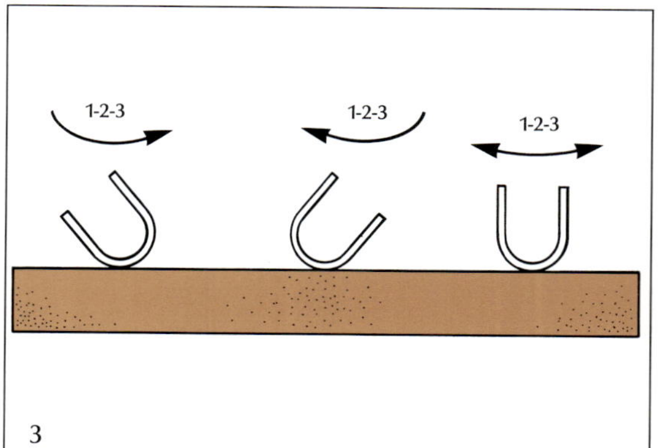

3

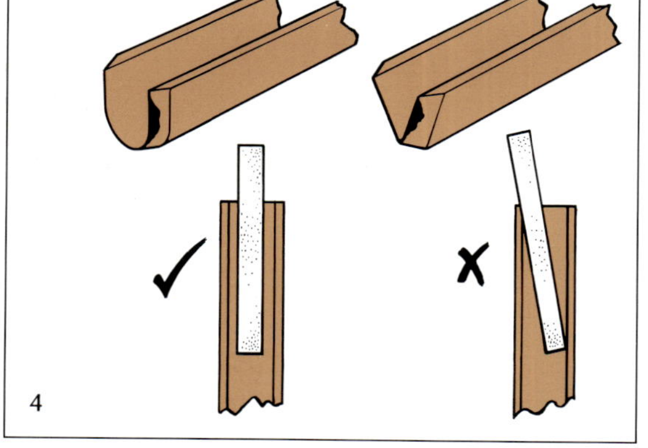
4

Seien Sie beim Abziehen des Grats von innen mit einem Formstein bei Geißfuß und Ziereisen Nr. 11 vorsichtig, da die seitliche Partie der Schneide beschädigt wird, wenn der Stein nicht geradlinig benutzt wird. Halten Sie deshalb den Stein dabei stets in Richtung der Längsachse des Werkzeugs, nicht unter einem Winkel. Der Grat kann auch entfernt werden, indem man mit dem Werkzeug einige Schnitte in das Hirnende von Abfallholz ausführt.

Bei jedem Abziehen ist es wichtig, daran zu denken, daß stets die vordere Fase auf dem Ölstein aufliegen muß. Bei gebogenen und gekröpften Hohleisen kann das Schwierigkeiten machen, da man auch noch diese zusätzliche Form berücksichtigen muß. Wenn man dabei nicht aufpaßt, spielt sich das Abziehen zu weit hinter der Schneide ab. Dann wird gewöhnlich die vordere Fase zu breit und folglich das Hohleisen dort zu dünn.
Ein gebogenes Hohleisen wird im Winkel von fast 60° gehalten. Dazu muß der Ölstein tiefer als sonst befestigt werden. Auf jeden Fall muß das Hohleisen ganz normal gehalten werden können.

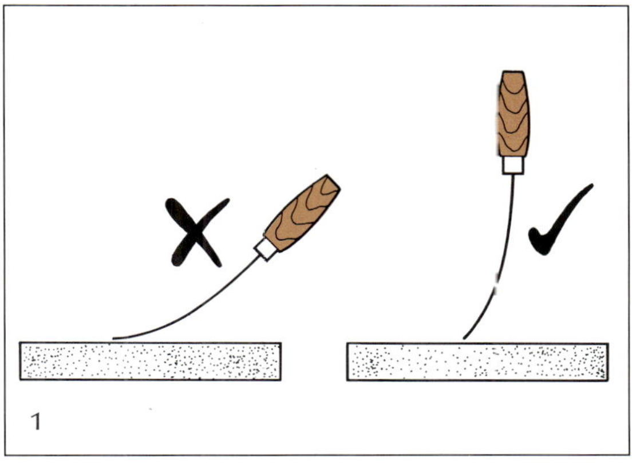

1

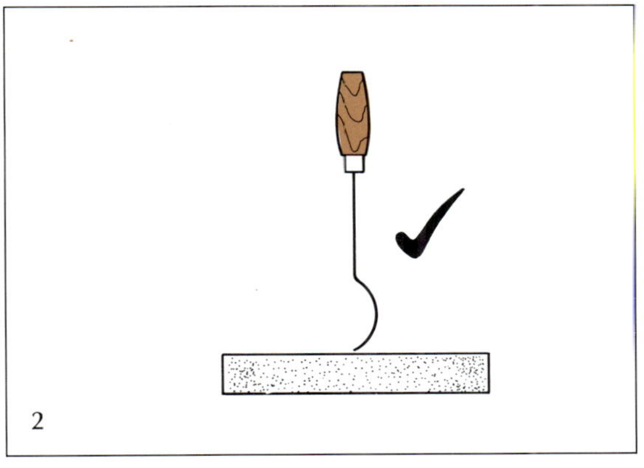

2

Ein gekröpftes Hohleisen muß fast senkrecht gehalten werden. Faßt man das Hohleisen am Schaft an statt am Heft, wackelt es beim Abziehen nicht so leicht. Nehmen Sie den Schaft wie einen Bleistift zwischen die Finger.

Ein verkehrt gekröpftes Hohleisen muß in so flachem Winkel gehalten werden, daß das Heft meist ein wenig tiefer liegt als die Oberfläche des Abziehsteins.

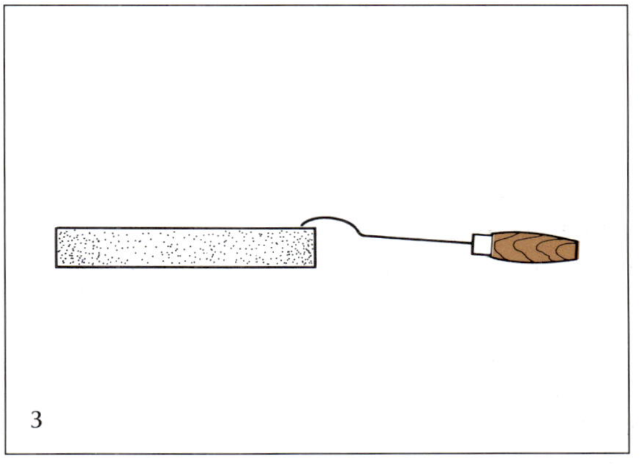

3

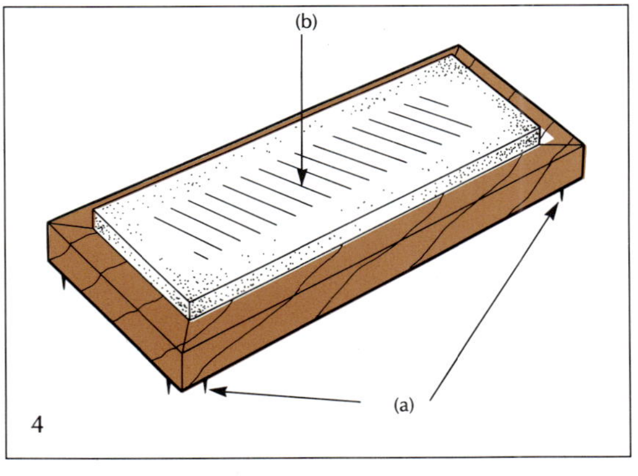

4

Ölsteine sind leicht zerbrechlich und sollten in der unteren Hälfte des Aufbewahrungskastens bleiben. Damit die Kastenhälfte nicht auf der Unterlage verrutscht, schlägt man an den Ecken kleine Stifte in die Unterseite, kneift sie auf etwa 3 mm Länge ab und spitzt sie mit einer Feile an. Ein Ölstein, auf dem ständig Hohleisen abgezogen werden, wird in der Mitte allmählich hohl (b). Der einer Acht entsprechende Bewegungsablauf beim Abziehen kann das ein wenig mildern. Werkzeuge mit geraden Schneiden und Geißfüße müssen auf einer völlig ebenen Partie des Ölstein abgezogen werden. Schaffen Sie sich dafür einen separaten Ölstein an.

Korrekturen an den Fasen

Theoretisch sollte der Winkel der vorderen Fase für Hartholz 40° (a) und für Weichholz 30° (b) betragen. In der Praxis braucht die Fase für die andere Holzart nicht jedesmal geändert zu werden, falls nicht gerade besonders umfangreiche Arbeiten in dieser Holzart anliegen. Die Winkellage beim Schnitzen und die Führung des Werkzeugs, d. h. der mit der Hand ausgeübte Druck, sind entscheidender. Hohleisen für grobe Vorarbeiten sollten kürzere Fasen und damit eine kräftigere Partie hinter der Schneide haben als solche für das Schlichten und feinere Arbeiten. Treiben Sie das aber nicht zu weit.

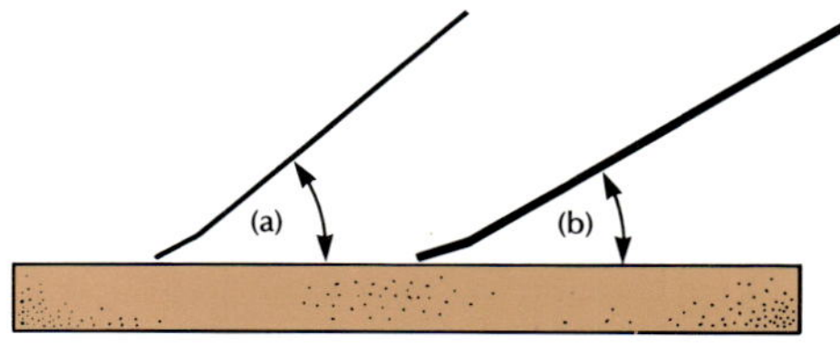

1

Da die hintere Fase einen flacheren Winkel im Vergleich zur vorderen besitzt, wird der Winkel zwischen beiden mit jedem Abziehen größer. Etwa nach dem fünften Mal des Abziehens muß daher die hintere Fase etwas korrigiert werden. Machen Sie das genauso wie bei der vorderen Fase, halten Sie das Heft aber um soviel niedriger, daß nur die hintere Fase voll auf dem Ölstein liegt. Versuchen Sie den ursprünglichen Winkel wieder zu erreichen.

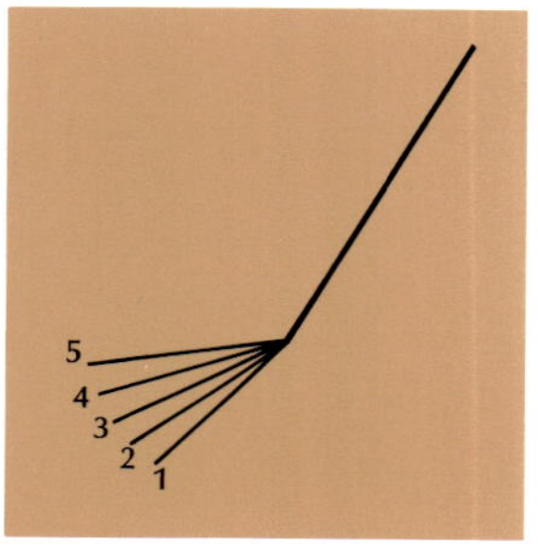

2

Beim Nacharbeiten bedenken Sie, daß die Klinge im Bereich der Schneide um so dünner und damit schwächer wird, je breiter die Fase ist. Die Fase sollte nie breiter sein als die Breite der Klinge. (a) bezeichnet die Breite der Fase, (b) die Klingenstärke am Übergang der beiden Fasen und (c) den Winkel beim Schnitzen. Eine winzige innere Fase verbessert die Schneideigenschaft (d).

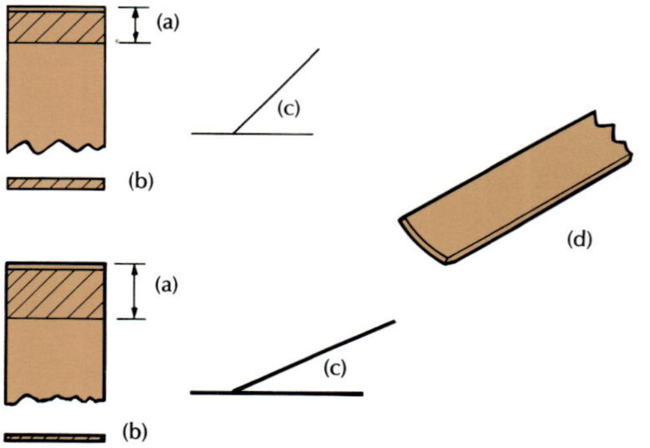

3

Ist die hintere Fase zu schmal und im Winkel zu steil, dann neigt das Werkzeug dazu, sich aus dem Schnitt herauszudrängen. Das gleiche tritt ein, wenn vordere und hintere Fase miteinander verrundet sind. Es entsteht der Eindruck, daß das Werkzeug stumpf ist, aber es ist nur die hintere Fase, die korrigiert werden muß, nicht die vordere.

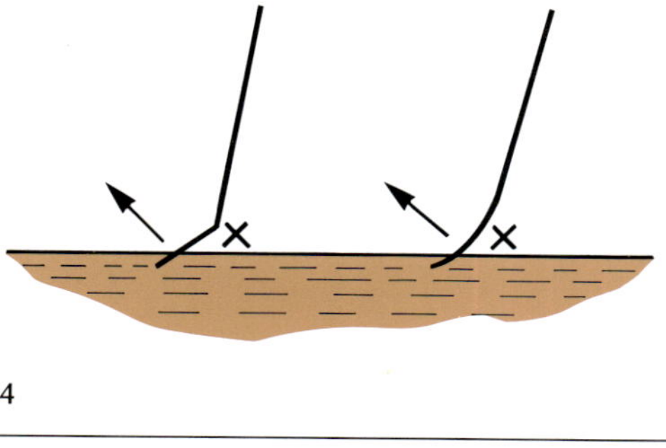
4

Hohleisen schneiden kreisbogenförmig. Je tiefer der Schnitt ins Holz geht, desto breiter wird er auch. Um fachgerecht arbeiten zu können, muß man wissen, welche Partie der Schneide die Holzfasern zuerst durchtrennt. Wenn man sich nicht damit befaßt, wird man nur mäßige Ergebnisse erzielen.

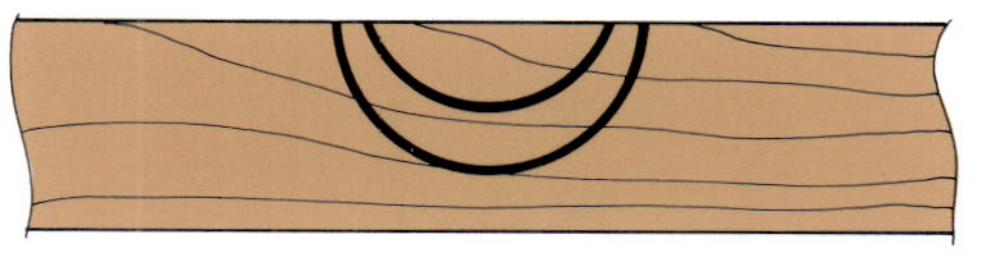

1

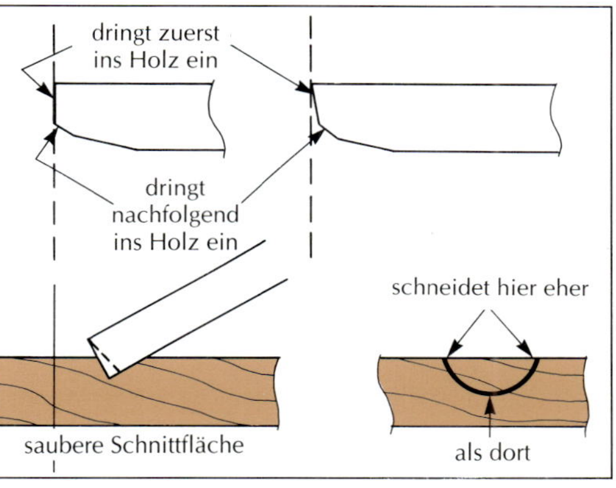

2

Ist die Schneide des Hohleisens von der Seite betrachtet senkrecht oder unten etwas zurückstehend, dann schneidet sie die oberen Holzfasern eher als die tieferliegenden, und nur so erreicht man eine saubere Schnittfläche.

Wenn die Schneide, von der Seite betrachtet, entgegengesetzt geneigt ist, d. h. wenn die obere Partie zurücksteht, dann schneidet der untere Teil zuerst, gefolgt von dem oberen. Dadurch werden obenliegende Holzfasen möglicherweise herausgerissen anstatt geschnitten. Dies gilt auch für Geißfüße und Ziereisen.

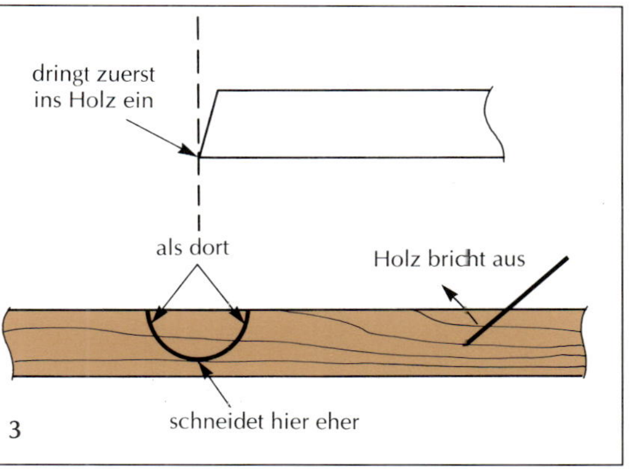

3

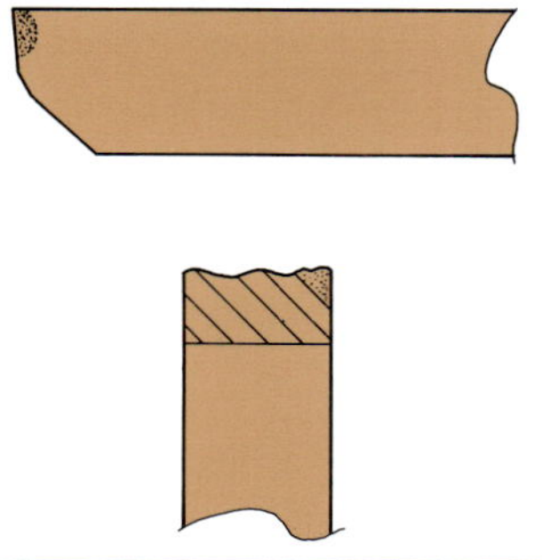

4

Nacharbeit an den Fasen wird am besten auf einem groben Ölstein vorgenommen. Wenn Sie keine Übung im Schleifen haben, benutzen Sie besser keinen Schleifbock mit Elektroantrieb, da dabei der Stahl durch die Reibungswärme sehr leicht seine Härte verliert. Bei Schleifböcken mit Naßschliffeinrichtung wird die unzulässige Erwärmung des Stahls verhindert, da aber das Schleifen kaum nötig ist, wäre die Anschaffung Luxus. Zu starke Erwärmung beim Schleifen führt dazu, daß der Stahl blau anläuft. Das heißt, daß die Schneide nicht mehr hart, sondern weich ist und keine Standfestigkeit mehr hat.

Handhaltung beim Schärfen eines geraden Hohleisens

Formstein beim Gebrauch auf normale Weise

Formstein geneigt zum Erzeugen einer winzigen Innenfase

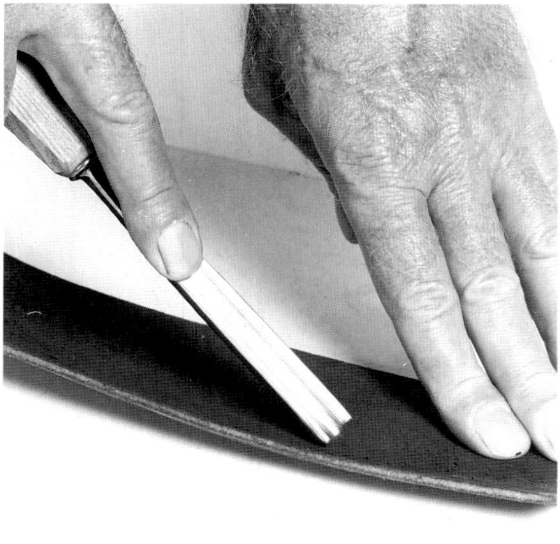

Abstreichen eines geraden Hohleisens

Schärfen der Schneiden an einem Geißfuß

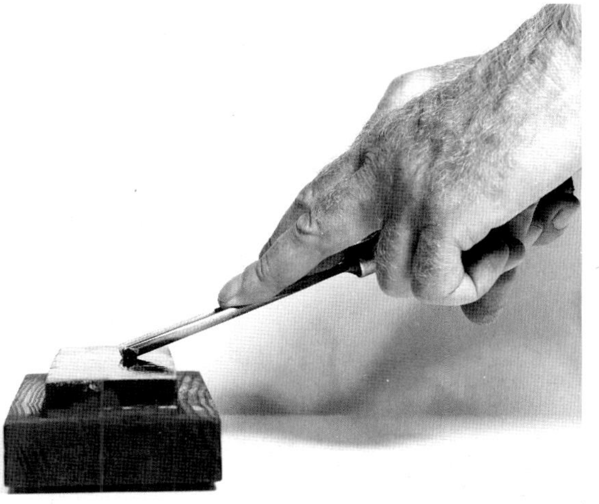

Verrunden unten am Geißfuß

Handhaltung und Winkellage beim Schärfen eines gekröpften Hohleisens

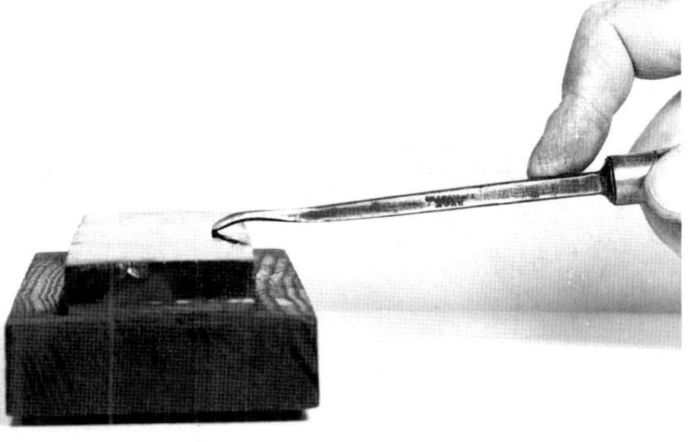

Winkellage beim Schärfen eines verkehrt gekröpften Hohleisens

Allgemeine Regeln für den Entwurf

Man sollte einen Entwurf sorgfältig planen. Beim Schnitzen wird nach und nach Material abgetragen, und das einmal abgetragene Holz kann nicht wieder angefügt werden. Sie mögen das anfänglich als Hemmnis empfinden, aber die mit jedem Schnitt abgetragene Holzmenge ist tatsächlich nur sehr klein. Die gravierenden Fehler treten meist schon beim Entwurf oder beim Zuschnitt mit der Säge auf.

Eine dreidimensionale Arbeit ist am schwersten zu entwerfen. Eine Reliefschnitzerei ist dagegen einfacher aufzuzeichnen, da diese weitgehend zweidimensional aufgefaßt werden kann. Ist der Entwurf einfach, kann dabei die Ausformung der einzelnen gedachten Schichten auch während des Schnitzens festgelegt werden, oder noch besser macht man sich für jede Schicht eine Skizze. Bei einer dreidimensionalen Arbeit ist das Vorstellungsvermögen manchmal überfordert, ganz besonders bei anspruchsvollen Entwürfen.

Eine wichtige Voraussetzung für das Arbeiten an einer dreidimensionalen Skulptur ist die Schärfung des räumlichen Vorstellungsvermögens. Ein Kind, das Laufen lernt, erfaßt die Räumlichkeit von Sachen dadurch, daß es irgendwo anstößt. Als Erwachsene neigen wir mehr dazu, in der Kategorie von Flächen als von Körpern zu denken.

Bei einer Skulptur ist die dritte Dimension ein wichtiges Gestaltungsmerkmal, bei einem Relief ist das nicht so ausgeprägt. Bei einer Skulptur sollen vordere, hintere, rechte und linke Seite so ineinander übergehen, daß insgesamt eine harmonische Form entsteht. Keine der Seiten darf für sich allein betrachtet werden, denn das entspräche einem zweidimensionalen Denken.

Aus dem Versuch, eine Figur zu schnitzen, resultiert oft ein Gegenstand mit vier zweidimensional wirkenden Seiten. Wenn Sie sich dagegen Ihre Schnitzerei als räumliches Gebilde vorstellen können, gelingt sie viel eher. Dazu muß aber Ihre Vorstellung auch wirklich räumlich sein.

1

Trainieren Sie Ihr räumliches Vorstellungsvermögen – schließen Sie die Augen, und erfühlen Sie verschiedene Formen

Machen Sie einmal diesen einfachen Test. Nehmen Sie ein Ei, und betrachten Sie es, während Sie es langsam drehen, so daß Sie es von der Seite und von den Enden her sehen. Schließen Sie dann die Augen, und stellen Sie sich vor, wie das Ei bei der Drehung seine Form in der Ansicht ändert. Nehmen Sie das Ei in die Hand, und befühlen Sie bei geschlossenen Augen seine Form; ertasten Sie seine Kontur, wie sie sich zum spitzen Ende hin verjüngt, und stellen Sie sich bildlich vor, was Sie ertasten. Das wäre dann räumliches Vorstellungvermögen.

2

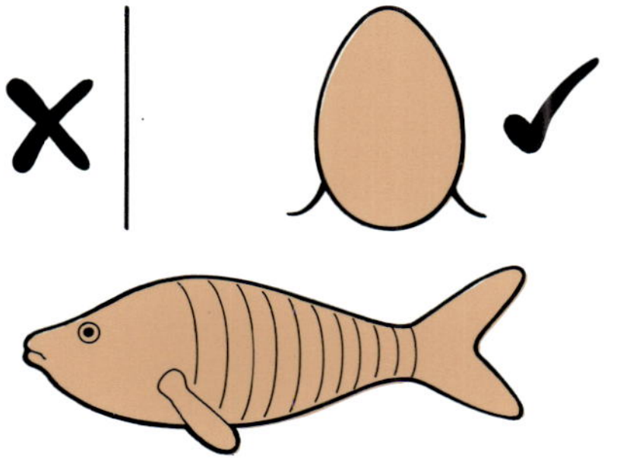

3

Stellen Sie sich in Gedanken einen Fisch in der Seitenansicht vor. Betrachten Sie ihn vom Kopf bis zum Schwanz. Ist seine Flanke flach oder bauchig? Eine flache Flanke hätte nur Länge und Höhe, wäre also zweidimensional. Eine bauchige Flanke wird von Länge, Höhe und Tiefe bestimmt – räumlich vorgestellt.

Stellen Sie sich nun in Gedanken ein Blatt vor. Ist es platt, mit nur zwei Dimensionen, oder ist seine Oberfläche bucklig, vielleicht mit einer abfallenden Seite? Sobald Sie die Form, wenn auch nur undeutlich, vor Ihrem geistigen Auge sehen können, haben Sie eine räumliche Vorstellung. Und wenn Sie die räumliche Vorstellung beherrschen, werden Sie auch dreidimensional schnitzen können.

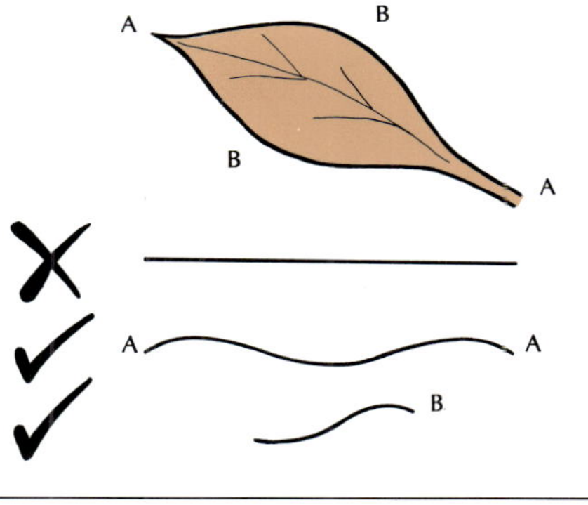

4

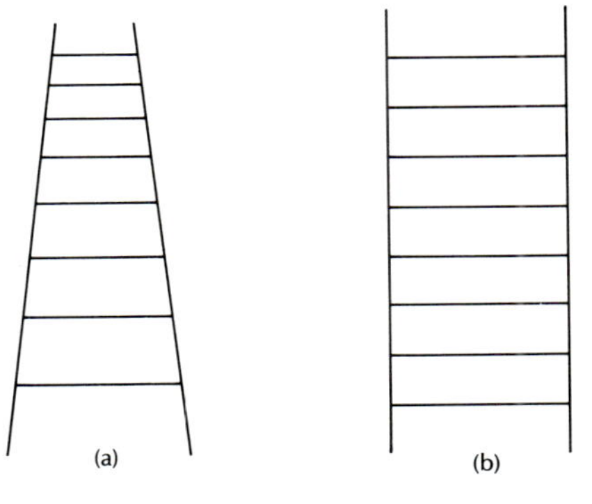

5

Bei zweidimensionalen Darstellungen wird die dritte Dimension durch Perspektive angedeutet. Perspektive kann auch bei Reliefschnitzereien angewandt werden, sie gehört aber nicht an Skulpturen, bei denen die dritte Dimension in der Realität vorhanden ist. Daran muß man denken, wenn man Vorlagen mit perspektivischen Verkürzungen als Anregung oder Hilfe benutzt. Vermeiden Sie ein »Abkupfern«. Berücksichtigen Sie die Grenzen, die ihnen das Holz beim Gestalten setzt. (a) zeigt eine perspektivische Darstellung, (b) dasselbe als Ansicht.

Viele Menschen haben Schwierigkeiten, ihre Ideen aufs Papier zu bringen. Bei einer dreidimensionalen Schnitzerei ist der lebendige Eindruck das wichtigste, sie darf nicht nur ein bewegungloses Stück Holz sein. Fließende Linien sind deshalb ganz wesentlich.

Es wäre verkehrt, wollte man jede Einzelheit des Originals getreu kopieren. Zu viele Details – alle Federn bei einem Vogel, jede Schuppe an einem Fisch – können durch ihre verwirrenden Linien und Schnitte von der eigentlichen Form ablenken. In den meisten Fällen ist es viel besser, vereinfachte Formen zu wählen und die Holzmaserung vorteilhaft einzubeziehen, als eine Fülle von Einzelheiten herauszuarbeiten. Etliche hervorragende Werke auf dem Gebiet der Skulptur zeigen ganz einfache Linienführungen.

Betrachten Sie das Schaffen einer Skulptur aus Holz als eine Beschränkung auf das Wesentliche, wobei die Einbeziehung der natürlichen Schönheit des Holzes die Hauptrolle spielt; die Holzschnitzerei ist dabei die handwerkliche Fähigkeit, Struktur zu geben und zu verzieren. Wichtig ist vor allem, daß alle Ebenen am Schnitzwerk zueinander Bezug haben und ineinander übergehen.

Sie sollten nicht versuchen, die Schnitzerei eines anderen zu kopieren, weil Sie die Form nie so sehen können, wie sie der entwerfende Künstler vor Augen hatte. Falls Sie eine Porzellanfigur nachbilden wollen, sollten Sie bedenken, daß die stofflichen Voraussetzungen ganz andere sind. Was sich in Porzellan abbilden läßt, kann bei Holz unmöglich sein. Später werden Sie allerdings erfahren, daß man manchmal ein Tonmodell machen muß, um ein Gestaltungsproblem lösen zu können. Ein solches Modell nennt man Maquette.

Am besten fängt man mit einfachen Formen an, z. B. mit einem kleinen Vogel, einer Eule, vielleicht auch einem Fisch oder Delphin. Über das Größenverhältnis von Kopf zu Körper können Sie sich anhand von Nachschlagewerken oder Fotographien informieren und dabei eine Vorstellung von der Anatomie bekommen. Es wäre vorteilhaft, wenn Sie den Entwurf danach stilisieren könnten.

Besonders bei Formen aus der Natur kann man Leben und Bewegung hineinbringen, wenn man die Form in Anlehnung an die Buchstaben »C« und »S« entwirft und diese als Mittellinie benutzt. Da Sie ja in der Lage sind, diese Buchstaben zu schreiben, sollten Sie sie auch langgestreckt, spiegelbildlich oder unter jedem beliebigen Winkel zeichnen können, um eine attraktive, fließende Linie zu entwerfen. Konzentrieren Sie sich zunächst auf die Mittellinie des Körpers. Erst wenn diese gelungen erscheint, sollten Sie das Drumherum entwerfen.

Zeichnen Sie den endgültigen Entwurf auf Millimeterpapier, und zwar zunächst die Seitenansicht, also das Profil. Es ist immer empfehlenswert, den Rohling für die Schnitzerei dabei zu haben, damit man die Abmessungen vergleichen kann. Prüfen Sie immer wieder, ob der Rohling groß genug ist. Eine Daumenregel für die Dimensionierung eines Rohling lautet: Zwei Drittel der Länge (oder Höhe) als Maß für Breite und Tiefe. Anders ausgedrückt, multiplizieren Sie das größte Maß mit 0,6, um die beiden anderen Dimensionen zu ermitteln.

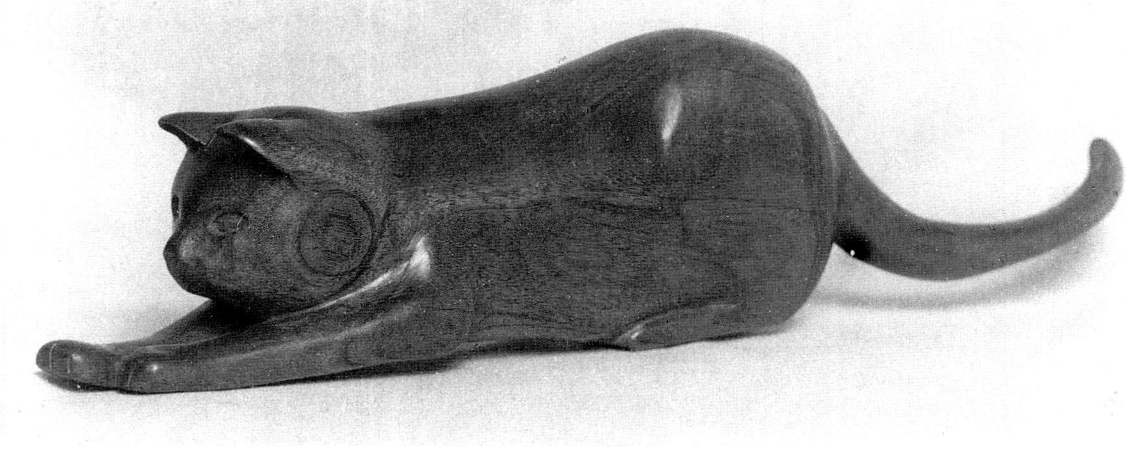

Skulptur einer jagenden Katze, Mahagoni, Gesamtlänge 600 mm

(Schritt 1–4) Üben Sie das Zeichnen eines liegenden »S«. Zeichnen Sie eine Reihe von Varianten, bis Sie eine Ihnen zusagende gefunden haben. Ziehen Sie diese stark nach und radieren Sie die anderen aus. Die Linie soll die gedachte Wirbelsäule sein. Sie dient als Anhalt für den weiteren Entwurf. Denken Sie daran, daß durch entsprechende Kurven ein Eindruck von Bewegung entstehen soll.

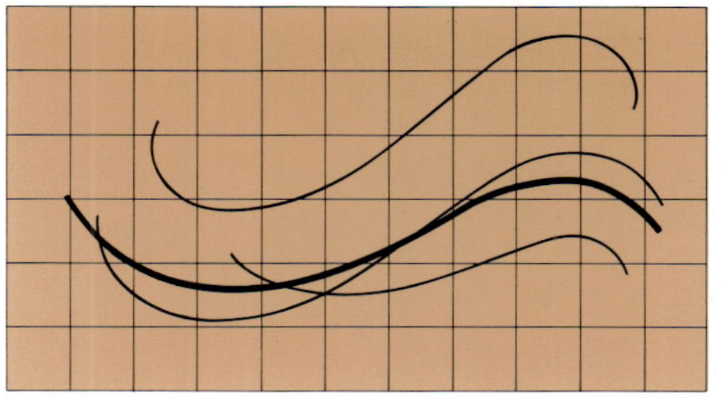

1

Nachdem Sie eine attraktiv geschwungene Mittellinie gefunden haben, ergänzen Sie die Umrisse mit »S«- und »C«-Formen. Beginnen Sie wieder mit dünnen Linien und ziehen Sie die endgültigen stark nach. Um den Schwung der Linienführung zu verbessern dürfen Sie auch in künstlerischer Freiheit gestalten. Dadurch könnte Ihre Schnitzerei Lebendigkeit gewinnen, aber dies darf keine Entschuldigung für »schludrige« Arbeit sein.

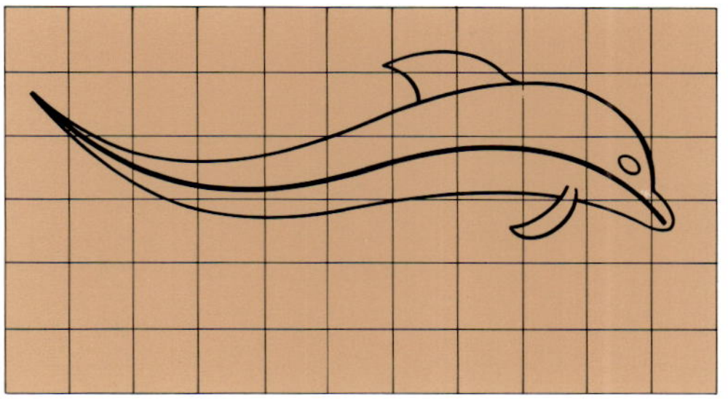

2

Wenden Sie sich dann der Draufsicht zu. Sie betrachten den Delphin in Gedanken von oben. Ziehen Sie eine Mittellinie mit der Länge des Delphins. Zeichnen Sie daran den Umriß der einen Körperhälfte. Falls Sie Schwierigkeiten haben, die andere Hälfte spiegelbildlich zu ergänzen, holen Sie die erste auf Transparentpapier durch, drehen es um und übertragen den Umriß mit Kohlepapier auf die andere Seite der Mittellinie. (Das kann auch beim Übertragen der Zeichnung auf den Holzrohling geschehen.)

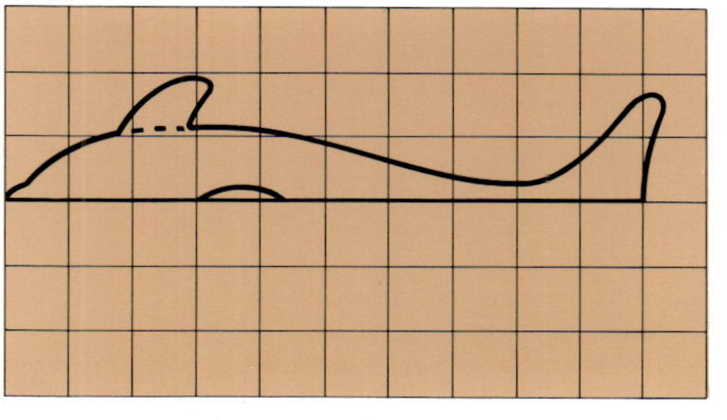

3

Ist die Form in der Draufsicht gekrümmt, beginnen Sie wieder mit der Mittellinie und ziehen dann mehrere Linien senkrecht dazu. Sie sollen Ihnen helfen, die Verjüngung der Körperform richtig zu entwerfen, den Schwanz ebenmäßig zu zeichnen und die Flossen an den anatomisch richtigen Stellen anzubringen. Benutzen Sie die senkrechten Linien auch dazu, Schnittzeichnungen von diesen Stellen anzulegen.

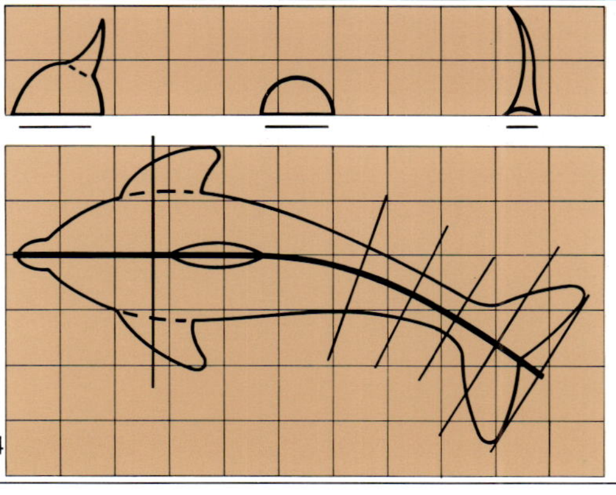

4

(Schritt 1–4) Einen kleinen Vogel, z. B. einen Fink, zeichnet man nach der gleichen Methode. Wählen Sie ein langgestrecktes »S« als Mittellinie für den Körper. Zeichnen Sie Kopf und Körper als gerundete Formen mit einem Längenverhältnis von 1 : 2,5. Denken Sie aber daran, daß es immer gut ist, zunächst mit Übermaß zu beginnen, sehen Sie deshalb genügend Holz im Bereich von Schnabel und Rücken vor.

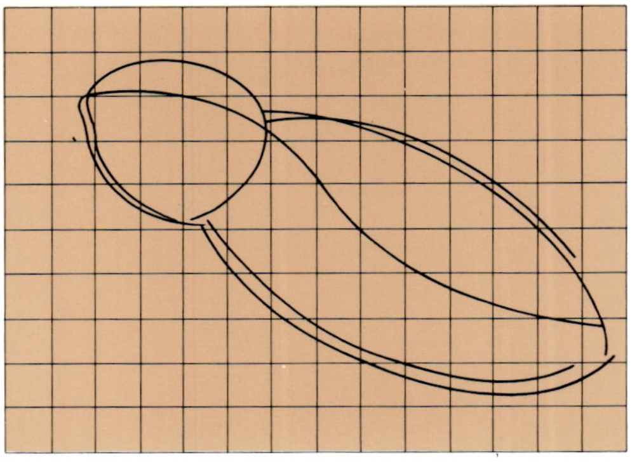

1

2

Entwerfen Sie den Umriß mit »C«- und »S«-Linien und ziehen Sie die endgültigen Linien stark nach. Lassen Sie Beine und Füße weg, sie sind naturgetreu schwierig zu schnitzen. Fügen Sie den Flügelumriß hinzu. Denken Sie daran, daß die Flügel über den Rücken reichen und auch auf den Seiten aufliegen. Ein wenig nach oben geschwungene Flügelenden vermitteln einen Eindruck von Lebendigkeit und Bewegung.

Fügen Sie dem Entwurf einen passenden Sockel hinzu. Die Höhe von Sockel plus Vogel sollte etwa zwei Drittel der Länge betragen. Prüfen Sie das nach, indem Sie die Länge mit 0,6 multiplizieren. Lassen Sie das Ganze nicht kopflastig aussehen. Sorgen Sie auch dafür, daß der Vogel natürlich dasitzt und nicht nach hinten zu rutschen scheint.

3

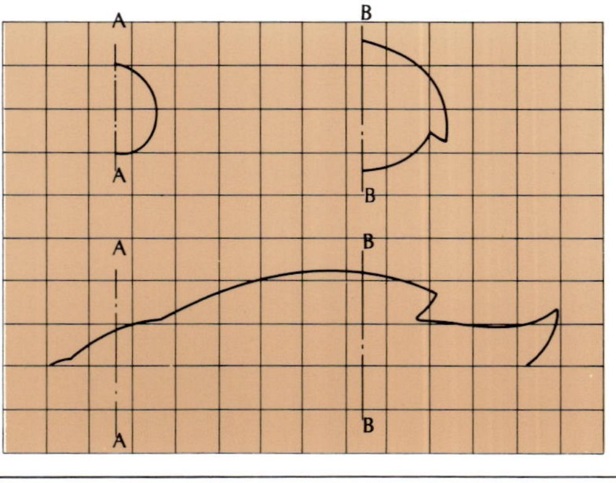

4

Zeichnen Sie im gleichen Maßstab um eine gerade Mittellinie die Draufsicht oder eine Hälfte davon. Beachten Sie, daß die Flügel seitlich teilweise über den Körper hinausragen, sie liegen nicht flach an. Zeichnen Sie wieder Schnitte, die Ihnen dabei helfen sollen, sich ein gedankliches Bild von der endgültigen Form zu machen. Sie schulen damit ihr räumliches Vorstellungsvermögen.

Proportion Der Rohling muß ausreichend dimensioniert sein. Für die meisten Schnitzereien, die Tiere und Vögel darstellen, sollte das Seitenverhältnis am Rohling 1 : 0,6 sein. Das Größenverhältnis von Kopf zu Körper ermitteln Sie am besten anhand von Fotographien, da Zeichnungen gewollte Abweichungen enthalten können. Beginnen Sie den Entwurf immer mit der Mittellinie. Gestalten Sie die Form soweit es geht mit geschwungener Linienführung.

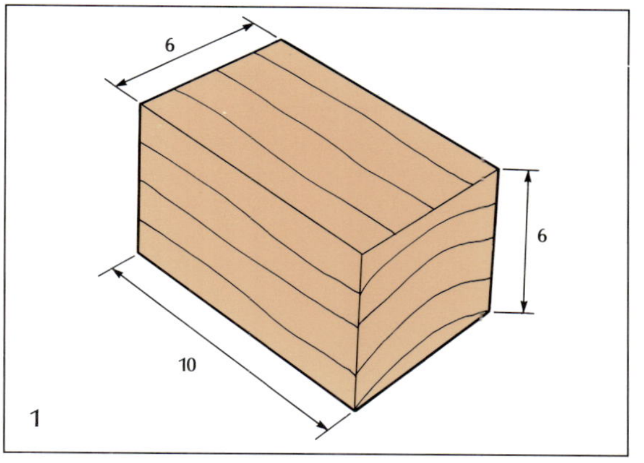

1

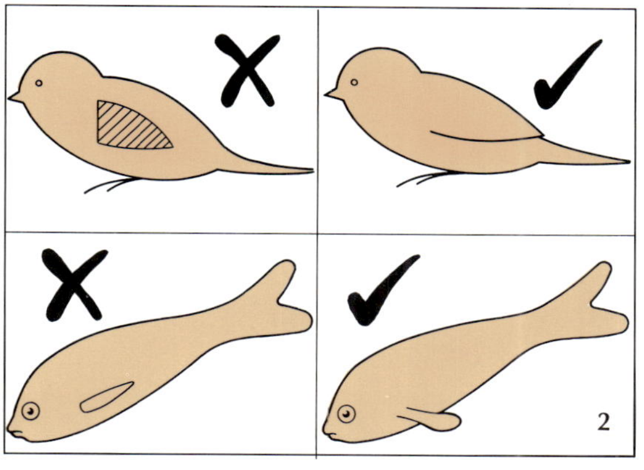
2

Räumliches Vorstellungsvermögen Machen Sie sich im Geiste ein Bild von dem, was Sie schnitzen wollen. Flügel z. B. umschließen den Vogelkörper und sitzen nicht einfach an den Seiten. Bei einem Fisch stehen die Flossen vom Körper ab, sie liegen nicht flach an. Sie sollten beim Entwerfen immer wieder Abbildungen vergleichsweise heranziehen. Erst zum Schluß können Sie dem Entwurf Ihre persönliche Note geben.

Schnittzeichnungen Schnittzeichnungen sind hilfreich, um das räumliche Vorstellungsvermögen zu schulen. Sie können dann einen Gegenstand besser vor Ihrem geistigen Auge entstehen lassen. In diesem Stadium sind Fehler ja nicht so gravierend wie während des Schnitzens.

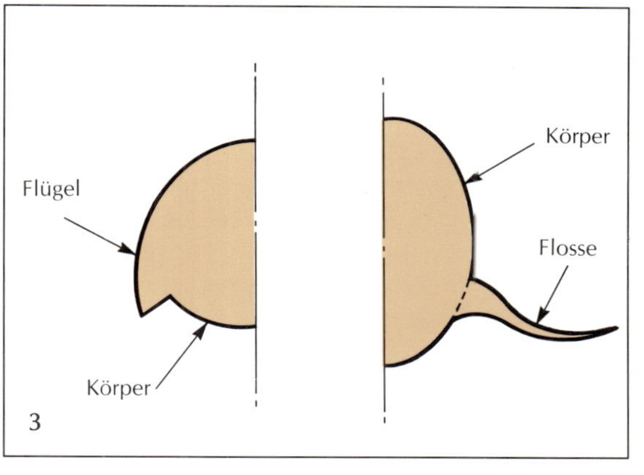

3

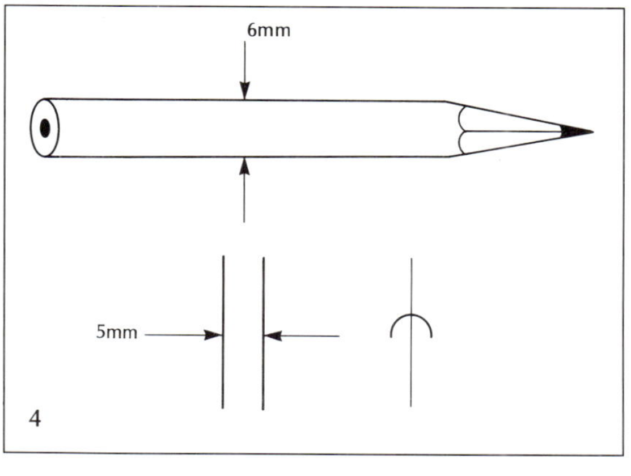

4

Für gekrümmte Flächen muß ein Rohling größer dimensioniert sein, als es auf einer zweidimensionalen Zeichnung den Anschein hat. Es ist deshalb gut, mit reichlich Aufmaß zu beginnen. Ein Beispiel: Messen Sie die Stärke eines Bleistifts, und zeichnen Sie sie in Originalgröße auf Papier. Krümmen Sie dann das Papier und beobachten Sie, wie sich das Maß verkleinert. Es gibt eine goldene Regel: Aufmaß beim Holz ist wie Geld auf der Bank.

Entwerfen von Reliefschnitzereien

Die einzelnen Reliefarten werden später behandelt, das Grundsätzliche gilt jedoch für alle gleich. Reliefschnitzen läßt sich als Malerei auf Holz auffassen, bei der die Tiefe als dritte Dimension hinzukommt. Vermeiden Sie am Anfang winzige Details, sie sind schwierig zu schnitzen, und sehr viele verschiedene Stechbeitel wären dazu nötig.

1

2

Bei allen Reliefs sind zu große Partien ebener Grundflächen zu vermeiden. Bei Schmucktafeln sollte das Ornament die Außenmaße der Tafel bestimmen, entscheidend ist aber dabei die Proportion. Bildliche Szenen sollten ein Seitenverhältnis von 1 : 0,6 haben, Blumenstücke können länglicher sein.

Entwerfen Sie mit möglichst fließenden Linien auf kariertem Papier, und beginnen Sie dabei mit der zentralen Mittellinie. Korrigieren Sie den Linienzug mehrmals und ziehen die schließlich gewählte Linie stark nach. Halten Sie sich an einfache Formen, zu viele Details wirken verwirrend. Bei Blumenmustern wird zunächst der Hauptstengel entworfen, um Ausgewogenheit zu erreichen. Zeichnen Sie Verzweigungen und Blätter anschließend. Stengel werden zum Ende hin kaum dünner, ihre Stärke vermindert sich immer dort, wo eine Verzweigung auftritt, die daran anschließenden Stengel sind dann dünner.

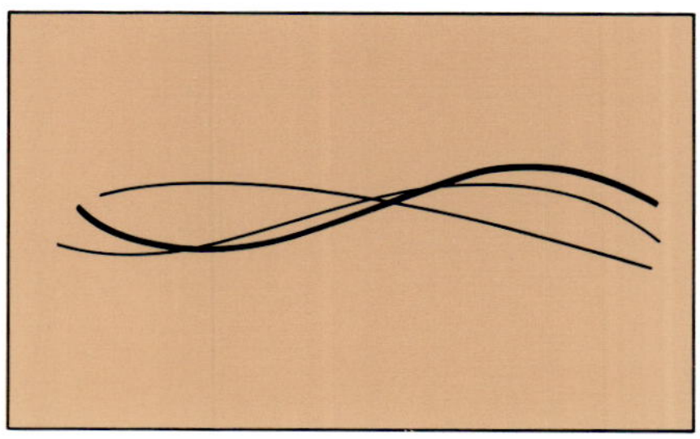

3

4

Sie müssen den Entwurf auch im Hinblick auf die Breite Ihrer Hohleisen gestalten, sonst wird es für Sie schwierig, feine Einzelheiten herauszuarbeiten. Die Werkzeugbreite ist also ebenfalls ein Kriterium. Wie weit es möglich ist, feine Einzelheiten herauszuarbeiten, hängt zudem von der gewählten Holzart ab.

(Schritt 1–4) Legen Sie zunächst die Gesamttiefe des Reliefs fest. Maximal 12 mm (a) oder auch 10 mm (b) reichen aus, um deutliche Konturen zu ergeben. Ist das Relief zu flach, bleibt meist nicht genug Holz für eine Fehlerkorrektur stehen. Hat es dagegen zu große Höhenunterschiede, muß man viel Zeit aufwenden, um die Tiefen herauszuarbeiten. Als Anfänger hat man dann auch bei den tiefsten Stellen seine Schwierigkeiten.

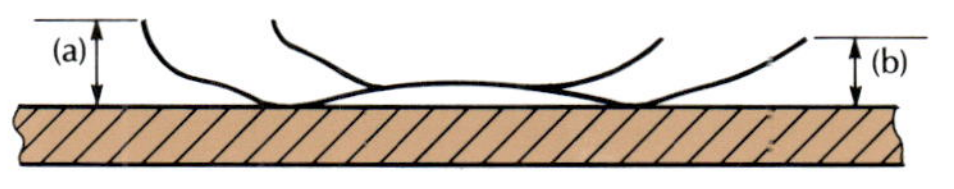

1

Überlegen Sie sich, welche Formgebung notwendig ist. Ein Relief darf nicht ausdruckslos sein, viel hängt dabei von der Wirkung von Licht und Schatten ab. Anhand von Schnittzeichnungen können Sie einen welligen Oberflächenverlauf festlegen. Bei Blättern und Blumen sind zwei Schnittzeichnungen rechtwinklig zueinander oft recht hilfreich.

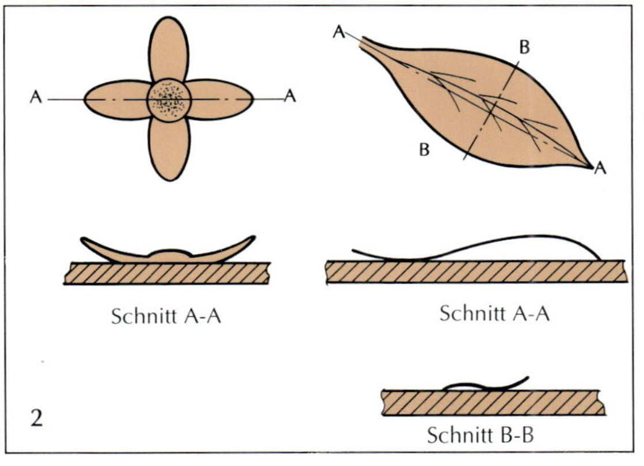

2

Man kann den Entwurf auch farbig anlegen, um unterschiedliche Höhen zu kennzeichnen, z. B. rot (a) für die höchsten Partien, blau (b) für die mittleren und grün (c) für die tiefen.

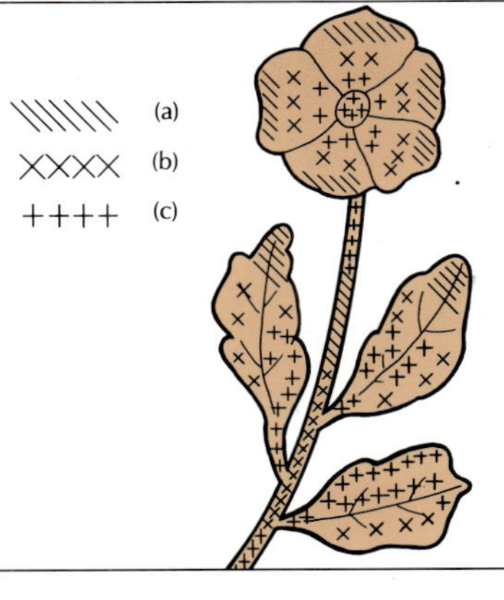

3

Verästelte Muster oder solche mit mehrfach wiederkehrenden Formen werden am besten als Fachrelief gearbeitet: maximal 5 mm Schnitztiefe (a). Einzelstehende Formen werden gewöhnlich als Hochrelief tiefer herausgearbeitet: Schnitztiefe 10 bis 20 mm (b). Beim Hochrelief muß die Basis entsprechend stärker sein, sonst entsteht ein Ausdruck von Unausgewogenheit.

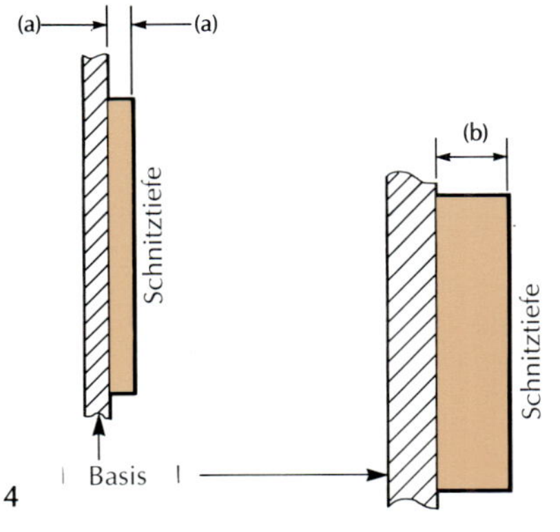

4

Arten der Reliefschnitzerei

Die Gestaltung von Reliefs war aus historischer Sicht zweifelsohne die am weitesten verbreitete Art der Holzschnitzerei, sie erreichte ihren Höhepunkt im 18. und 19. Jahrhundert. Generell finden wir sie bei der Kirchenornamentik, an Raumvertäfelungen und auf Möbeln. Während sie auch weiterhin in Kirchen und in öffentlichen Gebäuden Anwendung fand, ging die Reliefschnitzerei seit Anfang des 20. Jahrhunderts im übrigen stark zurück und verschwand während des 1. Weltkriegs fast völlig mit Ausnahme von spärlichen Verzierungen auf Möbeln, die aber überwiegend maschinell ausgeführt wurden.
Es gibt jetzt wieder gewerbsmäßig hergestellte handbeschnitzte Möbel. Die hohen Lohnkosten machen bislang allerdings die Anfertigung von aufwendigen Schnitzarbeiten noch unmöglich, aber es bleibt zu hoffen, daß das allgemeine Interesse weiter zunimmt.
Grundsätzlich gibt es sechs Arten von dekorativem Schnitzwerk. Obgleich nur zwei davon für uns in Betracht kommen, wollen wir sie doch alle einmal kurz betrachten.
Jede Reliefschnitzerei erhält ihre Wirkung durch Licht und Schatten. An alten Reliefs kann man häufig entdecken, daß erhöhte Punkte poliert wurden und daß Vertiefungen, z. B. bei Blättern, dunkel gebeizt worden sind, um die Wirkung von Licht und Schatten zu verstärken. Diese Wirkung ist immer noch entscheidend, auch wenn wir heute nicht mehr mit Beize nachhelfen. Um den richtigen Effekt zu erzielen, muß der Bildhauer genau wissen, wie das Licht am endgültigen Ort auf das Relief fallen wird.

Traditioneller schottischer Spinnstuhl aus Eiche. Rücken und Sitz mit Reliefschnitzerei verziert

Die einzelnen Variationen sind folgende:

Gravur (a) Wird hauptsächlich bei Stuhlrücken und Stuhlsitzen angewandt, bei denen die Oberfläche glatt bleiben soll. Die Rillen werden mit dem Geißfuß oder dem Ziereisen geschnitten.

Modifizierte Gravur (b) Ähnlich wie die Gravur, lediglich mit dem Unterschied, daß bestimmte Kanten mit dem Hohleisen Nr. 1 oder Nr. 2 verrundet werden, um Licht reflektieren zu lassen.

Durchbrochene Arbeit (c) Wurde viel bei Paravents und Schranktüren angewandt. Ihre künstlerische Wirkung beruhte hauptsächlich auf den herausgearbeiteten Durchbrüchen. Die stehengebliebenen Teile waren mit Reliefschnitzerei verziert.

Vertiefte Arbeit (d) Man erhält eine Negativform wie z. B. von Butterförmchen bekannt. Kann effektvoll zusammen mit Reliefschnitzerei angewandt werden, wenn das Ornament zum Teil im Grund ausgeformt werden soll.

Die beiden am häufigsten anzutreffenden Variationen sind:

Das Flachrelief (e) Das Ornament wird etwa 5 mm tief herausgearbeitet. Hauptsächliches Anwendungsgebiet sind die Ausschmückung von Möbeln, die Herstellung von Tafeln als Wandschmuck und ornamentale Hausschilder. Es ist besonders gut für sich wiederholende Formen geeignet und wird auch als »Bas Relief« bezeichnet.

Das Hochrelief (f) Die große Höhe der herausgearbeiteten Formen ergibt fast schon figürliche Darstellungen. Es kommt nur für Ornamente in Betracht, die einen einzelnen, in sich geschlossenen Gegenstand darstellen und nicht für umfangreiche Kompositionen. Die Schnitztiefe übersteigt meist 10 mm und darf erheblich größer sein, wenn eine ausgesprochen figürliche Wirkung erzielt werden soll. Man erreicht damit, wenn auch mit großem Zeitaufwand, eine außergewöhnlich eindrucksvolle Wirkung. Beim Hochrelief wird eine perspektivisch richtige Darstellung mit einbezogen.

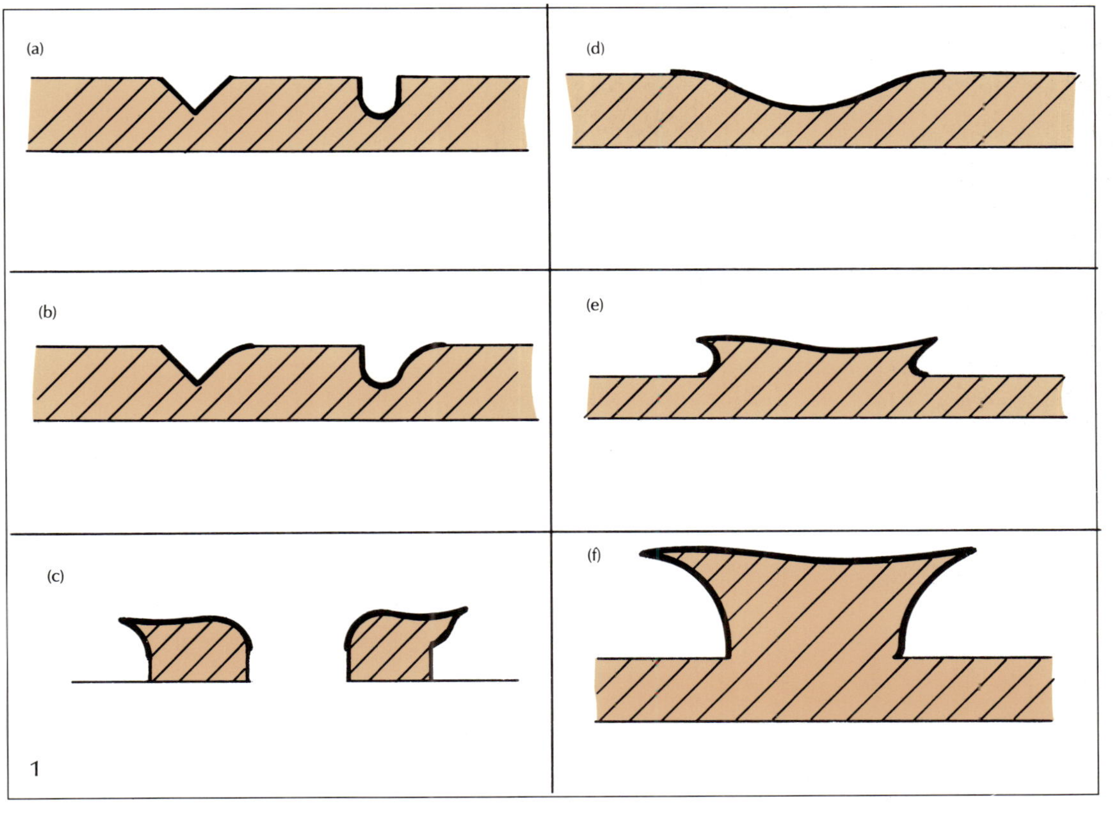

1

Brettabschnitte für Reliefschnitzereien sollten auf Stärke (in der Fachsprache »Dickte«) abgerichtet sein. Prüfen Sie mit einem Lineal, ob sie sich verzogen oder geworfen haben (a). Rohlinge für Skulpturen sollten möglichst auch an allen Seiten sauber abgerichtet sein, dann läßt sich die Zeichnung besser darauf übertragen. Alle Seiten müssen zueinander rechtwinklig sein (b), wenn das nicht der Fall ist, könnte die Skulptur später nach irgendeiner Seite schief stehen.

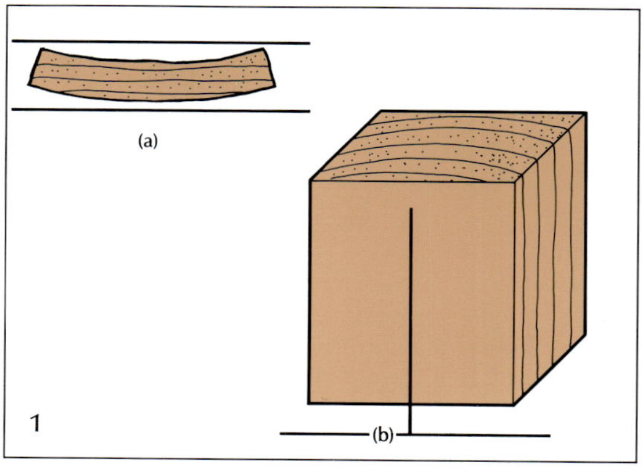

1

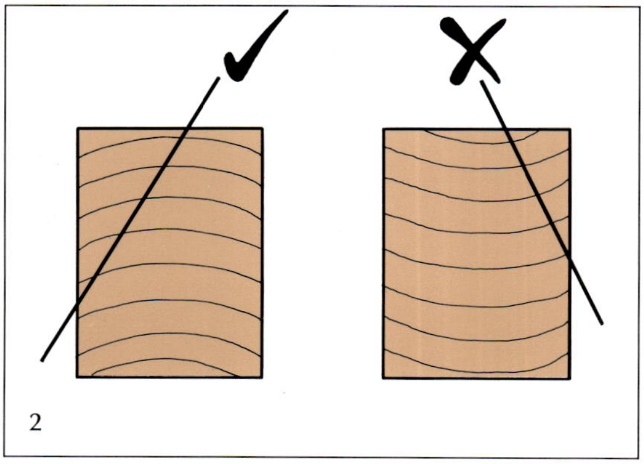
2

Überlegen Sie sich gut, wie herum Sie den Rohling benutzen wollen. Die Jahresringe müssen mit den Rundungen der Skulptur im Einklang stehen. Wenn Sie darauf achten, wird die fertige Skulptur dadurch an Aussehen gewinnen. Die Holzmaserung zeigt ein breiteres Bild, wenn die Jahresringe unter einem flachen Winkel geschnitten werden.

Seitenbretter neigen beim Trocknen dazu, sich zu wölben, die eine Seite wird dann hohl, die andere rund. Die sogenannte »linke Seite« wird hohl (a). Wird sie mit einer Reliefschnitzerei versehen, können senkrecht zu den Jahresringen stehende Flanken bröckeln. Nehmen Sie deshalb die sogenannte »rechte Seite« für Ihre Schnitzerei.

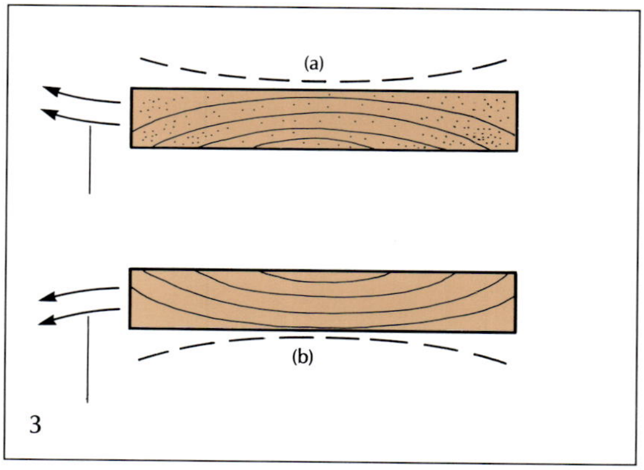

3

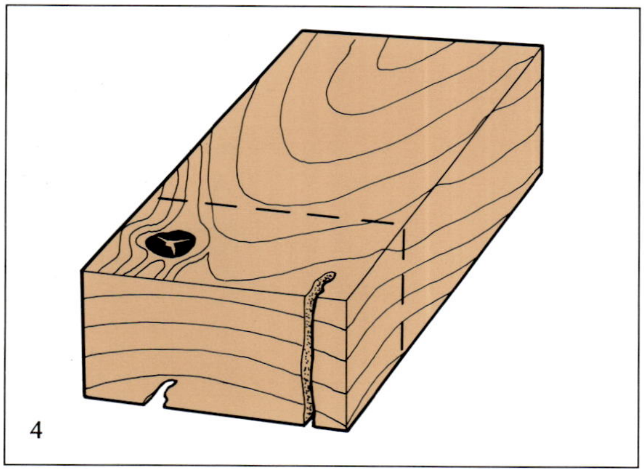
4

Prüfen Sie das Holz auf Fehler wie Risse und Äste. Schneiden Sie bei solchen Fehlern das Holz lieber etwas großzügiger weg. Das mag zunächst verschwenderisch erscheinen, zahlt sich aber auf lange Sicht aus. Den an Hirnenden erkennbaren Rissen kann man nicht ansehen, wie tief sie ins Holz reichen. Haben Sie nicht genug weggeschnitten, können sie während der Arbeit zum Vorschein kommen, und dann läßt sich nichts mehr dagegen tun.

Reliefschnitzereien

(Schritt 1–4) Wenn Sie das Werkstück mit Schraubzwingen festspannen wollen, sollten Sie an jedem Ende eine Zugabe vorsehen (a). Die Zugabe kann abgefälzt sein, damit sie tiefer liegt als die Schnitzebene (b).

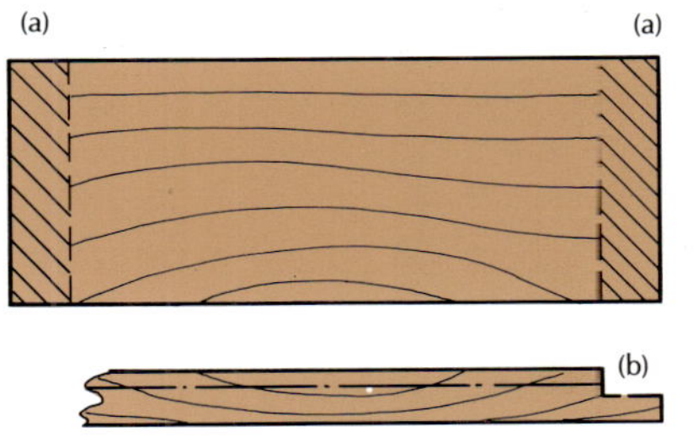

1

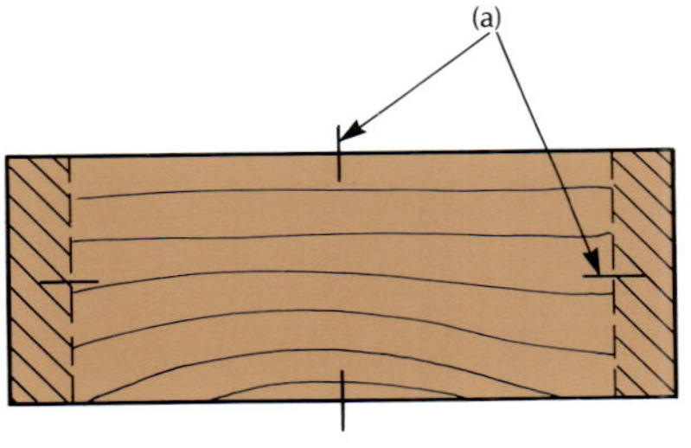

2

Markieren Sie die Mitten auf Werkstück und Zeichnung (a). Überprüfen Sie noch einmal, ob auch wirklich die rechte Seite des Brettstücks oben liegt. In Ihrem Eifer, mit dem Schnitzen anfangen zu können, übersehen Sie diesen wichtigen Punkt leicht.

Die Zeichnung (b) wird nach den markierten Mitten auf dem Brett (d) ausgerichtet und mit einem Klebestreifen (a) an einer Seite befestigt. Anschließend legen Sie ein Durchschreibe-Pauspapier (c) dazwischen (Kohlepapier für Schreibmaschinen gibt keine so sauberen Linien). Pausen Sie dann die Zeichnung mit einem Kugelschreiber durch.

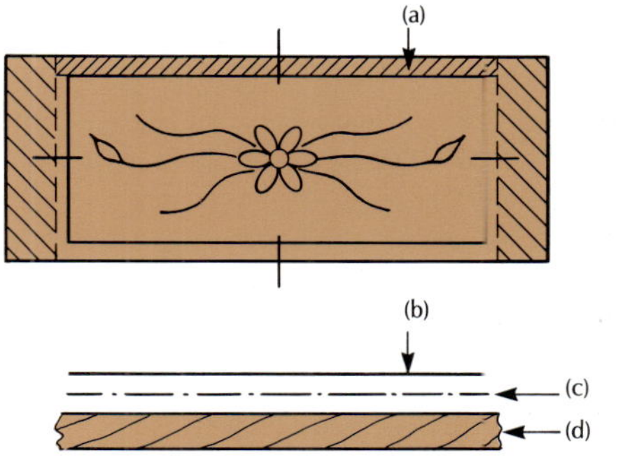

3

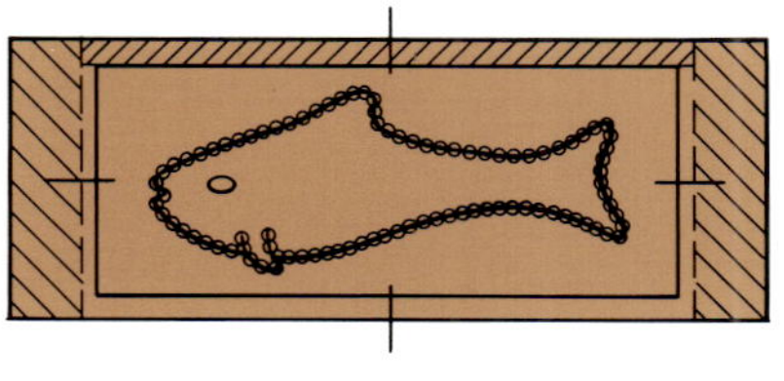
4

Wenn Ihnen die Übertragung mit Pauspapier nicht möglich ist, können Sie die Zeichnung auch punktieren. Dafür stechen Sie mit einer Nadel Loch an Loch entlang der Linien Ihrer Zeichnung. Sie können dann mit Puder oder Holzkohlenstaub die Zeichnung durch die Löcher auf das Werkstück übertragen. Sie können auch mit einem Filzschreiber auf die Löcher tupfen und erreichen damit das gleiche.

Skulpturen

(Schritt 1–8) Die wichtigste Zeichnung ist normalerweise das Profil, die Seitenansicht (a). Bei aufrechten Figuren, Mensch oder Tier, könnte auch die Vorderansicht (b) wichtiger sein. Sie sollten das anhand Ihrer Entwurfsarbeit entscheiden.

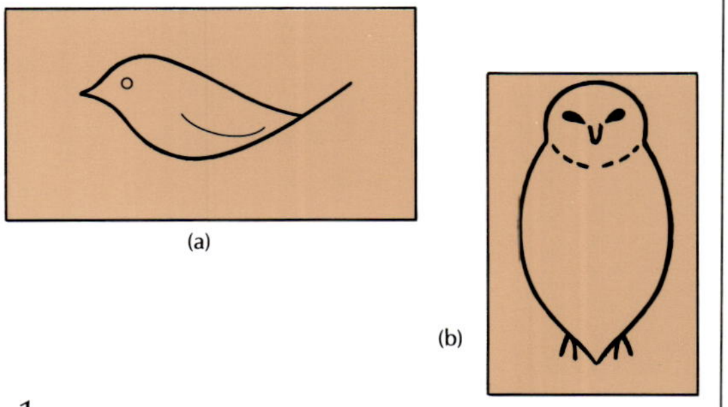

1

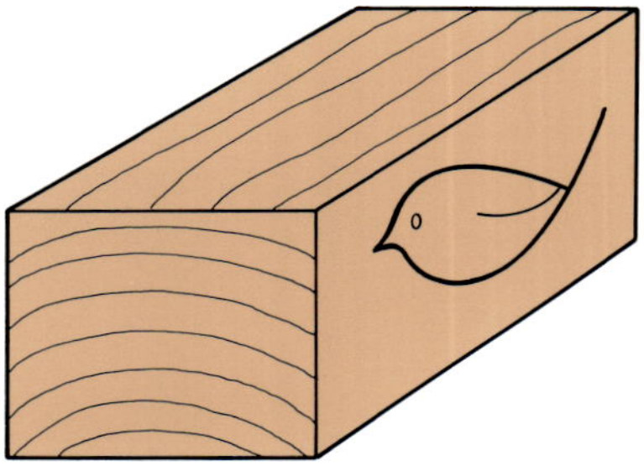
2

Prüfen Sie den Rohling noch einmal auf Fehler, und entscheiden Sie, wie herum er benutzt werden soll. Für die Skulptur von einem Vogel sollte die linke Seite oben sein, damit die Jahresringe später auf dem Rücken eine ansprechende Fladerung zeigen.

Denken Sie daran, unten genügend Holzstärke für das Einspannstück und den Sockel der Skulptur vorzusehen. Es wird häufig der Fehler gemacht, hierbei zu knapp zu planen. Beim Schnitzen merkt man oft zu spät, daß nicht mehr genug Holz da ist, um einen harmonischen Sockel zu formen.

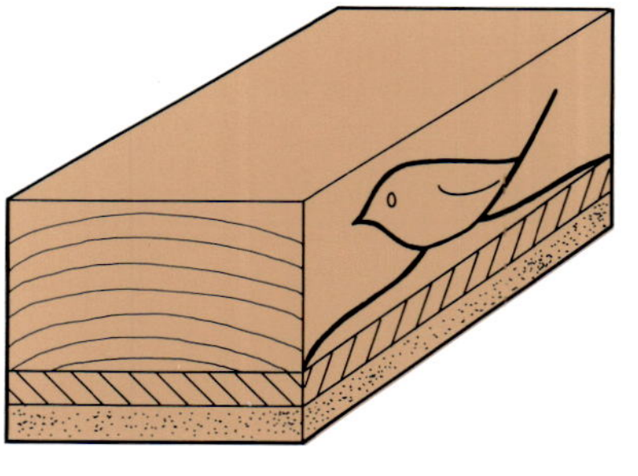
3

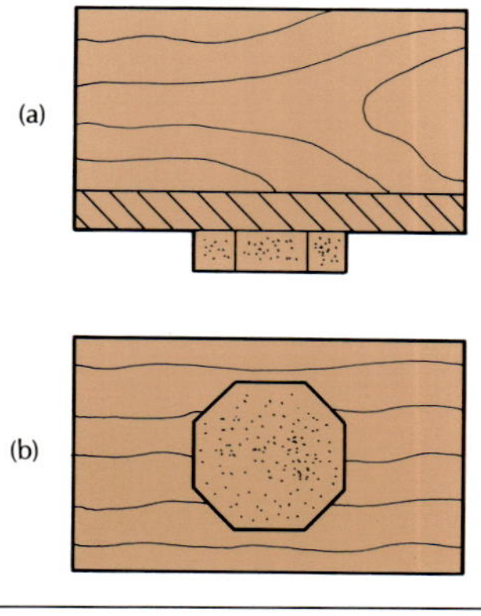

4

Wenn der Rohling selbst für die maximale Spannweite des Schraubstocks zu groß ist, kann das Einspannstück kleiner gemacht werden (a). Eine achteckige Umrißform erlaubt entsprechend viele Umspannmöglichkeiten (b). Auch kann ein separates Einspannstück untergeschraubt und festgeleimt werden, das ist allerdings nicht so empfehlenswert.

Zeichnung und Rohling müssen mit deutlichen Mittellinien versehen werden (a). Wenn der Rohling allseitig sauber abgerichtet ist, erleichtert das den Anriß sehr. Bei unregelmäßig geformten Rohlingen ist darauf zu achten, daß überall genug Holz für das Ausformen vorhanden ist.

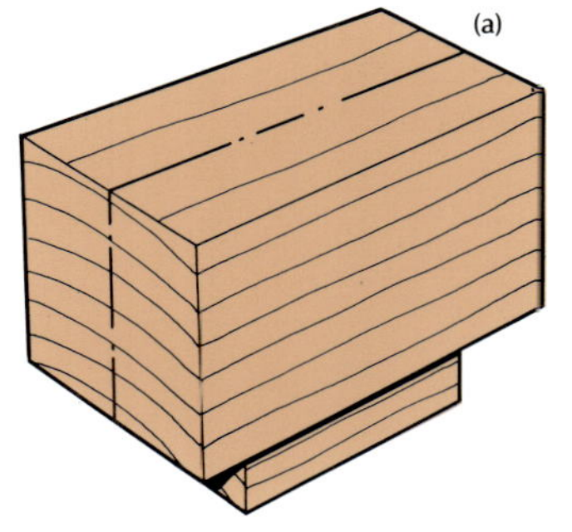

5

Zeichnung und Rohling müssen außerdem noch mit Markierungen für das genaue Ausrichten versehen werden. Sie sollten jeweils etwa 10 mm von den Ecken entfernt sein. Achten Sie darauf, daß die Markierungen auf dem Rohling gleichgroße Abstände haben wie die auf der Zeichnung.

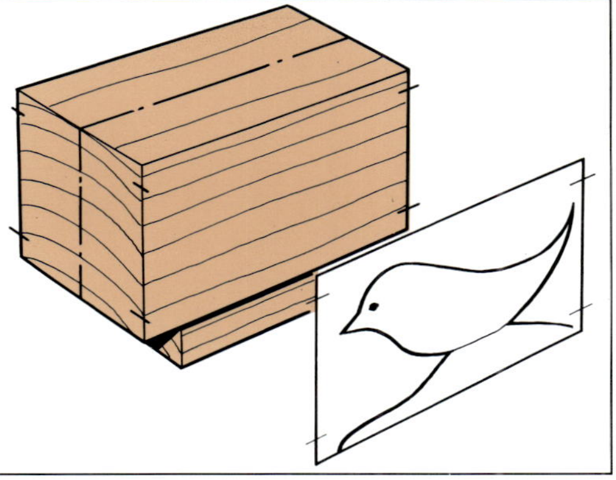

6

Richten Sie die Zeichnung auf dem Rohling genau aus, und befestigen Sie sie mit einem Klebestreifen an einer Seite (a). Bei diesem Arbeitsgang kann man am leichtesten einen Fehler machen, prüfen Sie daher noch einmal, ob die Zeichnung auch wirklich exakt nach den Markierungen und den Mittellinien ausgerichtet ist.

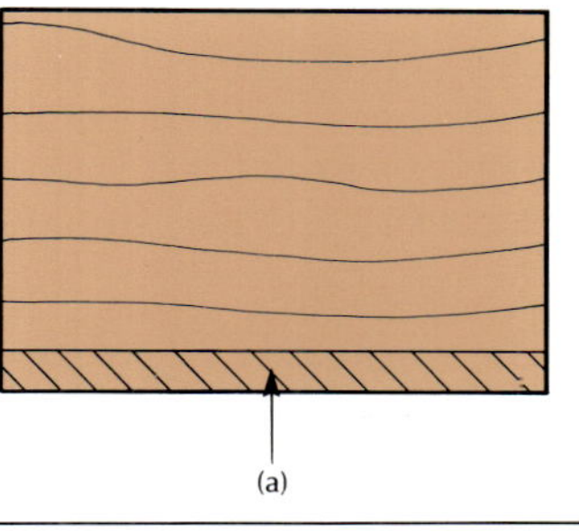

7

Diesmal legen Sie zwei Blatt Pauspapier zwischen Zeichnung und Rohling. Unter der Zeichnung (a) liegt das erste Blatt (b) verkehrt herum, so daß der Abdruck beim Pausen auf die Rückseite Ihrer Zeichnung kommt. Das zweite Blatt (c) wird normal dazwischengelegt, so daß der Abdruck auf das Holz (d) kommt. Sie müssen nämlich die Zeichnung auch auf die andere Seite des Rohlings pausen, damit Sie die Skulptur richtig formen können, und dazu brauchen Sie eine spiegelbildliche Zeichnung.

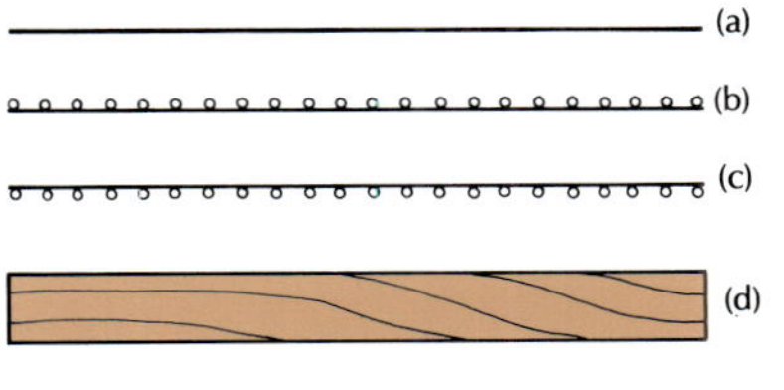

8

Beim Schnitzen gibt es drei Grundformen:
1. Flach – mit dem Balleisen Nr. 1 als Werkzeug (a)
2. Konkav – mit Hohleisen Nr. 3–11 als Werkzeug (b)
3. Konvex – mit über Kopf benutztem Hohleisen als Werkzeug (c).

Praktisch jede Form läßt sich schnitzen, wenn man die verschiedenen Schnittmöglichkeiten und Winkellagen der Werkzeuge kombiniert.

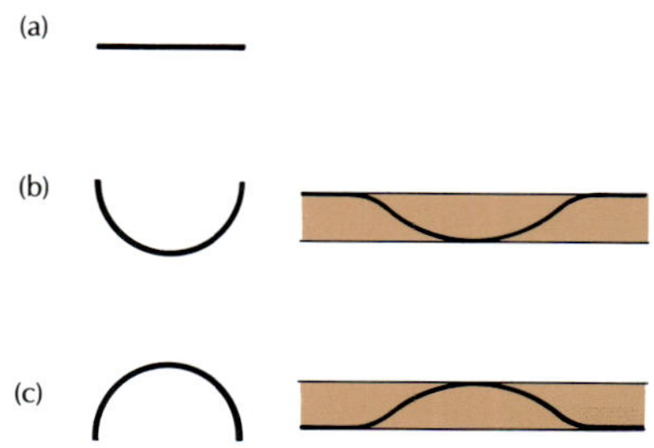

1

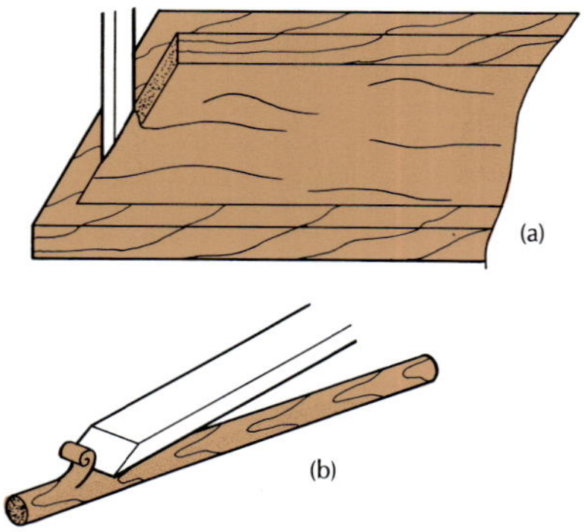

2

Die Balleisen Nr. 1 und 2 werden für senkrechtes Einstechen gebraucht (a) (Innenflanken von Rahmen bei Reliefs) und für Details, die ein gerades Eisen erfordern. Sie können mit diesen Eisen auch sauber nachputzen (b).

Mit dem Hohleisen Nr. 3, über Kopf benutzt, lassen sich konvexe Formen (a) herstellen, z. B. der Kopf eines Vogels, eine Nuß oder eine Beere. Bei normaler Benutzung entstehen schwach muldenförmige Schnitte. Auf flachen Partien gibt das einen ansprechenden Effekt von Bearbeitungsspuren (b).

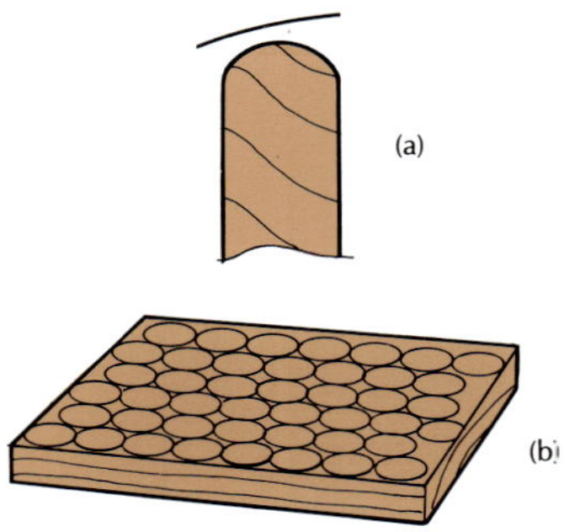

3

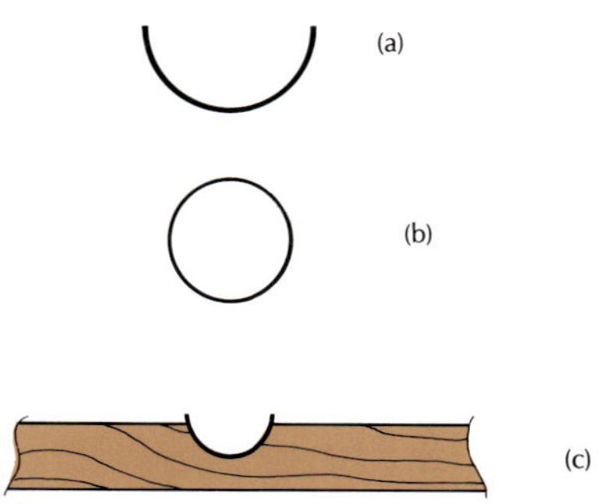

4

Die Hohleisen mit den höheren Nummern werden für konkave Formen gebraucht. Das Hohleisen Nr. 9 hat eine halbkreisförmige Schneide (a) und kann daher zum Herausarbeiten von Kreisringen, wie Umrisse von Augen (b), eingesetzt werden. Mit diesem Eisen können Sie tiefe Schnitte machen und rasch große Mengen Holz abtragen (c).

Bei allen Hohleisen sollte die maximale Eindringtiefe beim Schnitzen nur 2/3 vom Stich betragen. Schneidet man nämlich mit einem Hohleisen so tief ein, daß die Seitenkanten ins Holz gelangen, dann wirken sie wie Keile, und der Span wird herausgebrochen, das Werkzeug schneidet dort nicht mehr (a). Außerdem besteht bei zu tiefem Eindringen die Gefahr, daß das Hohleisen sich festklemmt und womöglich abbricht. Geißfüße und Ziereisen sind dafür besonders anfällig, wenn sie zu tief ins Holz gedrückt werden.

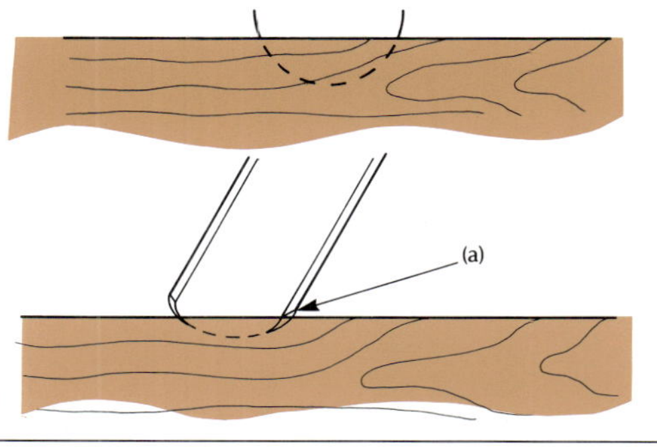

1

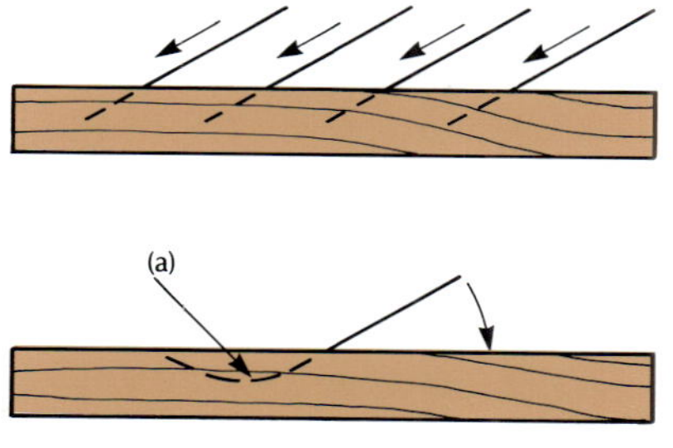

2

Bei allen Schnitten sollte das Werkzeug im gleichen Winkel angesetzt werden. Wenn Sie während des Schnittes das Werkzeugheft senken, bricht das Holz aus (a). Es ist immer günstiger, eine Reihe von flacheren Schnitten nacheinander zu machen als nur einen tiefen.

Schneiden Sie etwas schräg zur Maserung. Das ergibt eine glattere Oberfläche und verhindert weitgehend, daß ein Riß im Holz der Werkzeugschneide vorauseilt. Wenn Sie dagegen in Richtung der Holzfasern schneiden, können diese aussplittern.

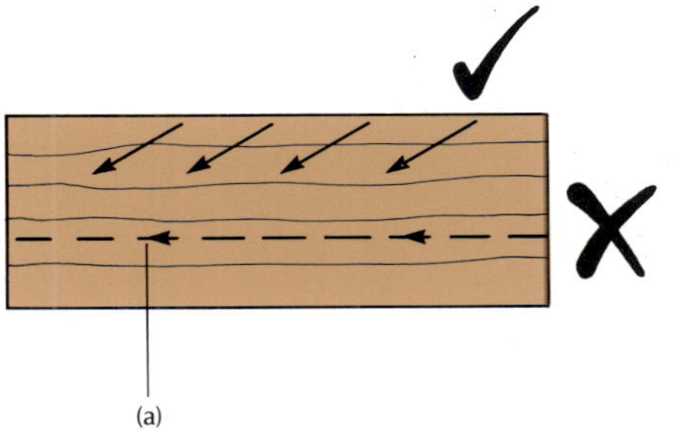

3

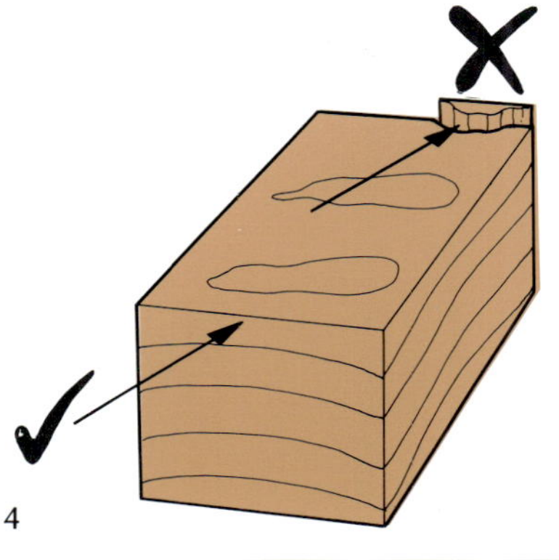
4

Beim Wegschnitzen von Partien an Kanten müssen Sie immer gegen den Rohling arbeiten, nicht über die Kante hinaus, sonst bricht die Partie aus, da hinter ihr kein Halt mehr ist. Beim Schnitzen entlang von Kanten sollten Sie nur sehr wenig Kraft anwenden, damit nichts ausbrechen kann.

Schnitzen mit dem Hohleisen

Holzfasern sind in Schichten angeordnet, und nur in einer bestimmten Richtung wird die Oberfläche beim Schnitzen glatt. Das ist leicht zu erkennen, weil die Oberfläche nach dem Schnitt entweder glänzend oder matt ist. Man muß also die Schnittrichtung der Faserrichtung entsprechend wählen. Dies gilt für alle Holzarten, besonders aber für solche mit Wechseldrehwuchs. Sie müssen sich immer vor Augen halten, daß beim Schnitt gegen die Faser eine rauhe Oberfläche entsteht (a), beim Schnitt mit der Faser eine glatte (b). Achten Sie deshalb darauf, stets mit der Faser zu schnitzen.

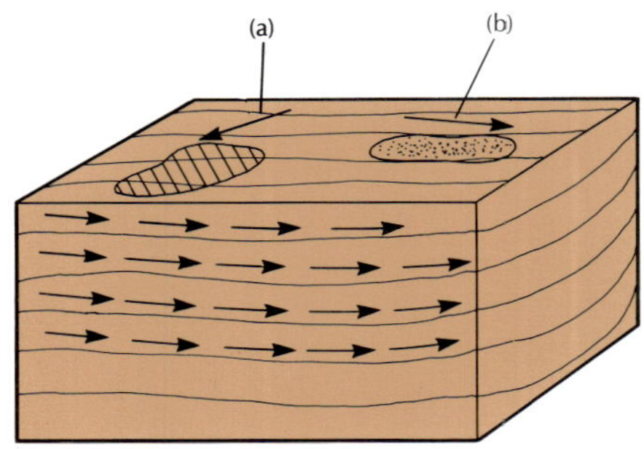

5

Bemühen Sie sich, beim Schnitzen die gleiche Tiefe einzuhalten, es erspart Ihnen Zeit beim Schlichten. Denken Sie daran, daß sich bei einer Fläche alles nach dem tiefsten Schnitt richten muß (a) und daß höherliegende Partien heruntergearbeitet werden müssen (b), damit die Fläche keine Kuhlen hat.

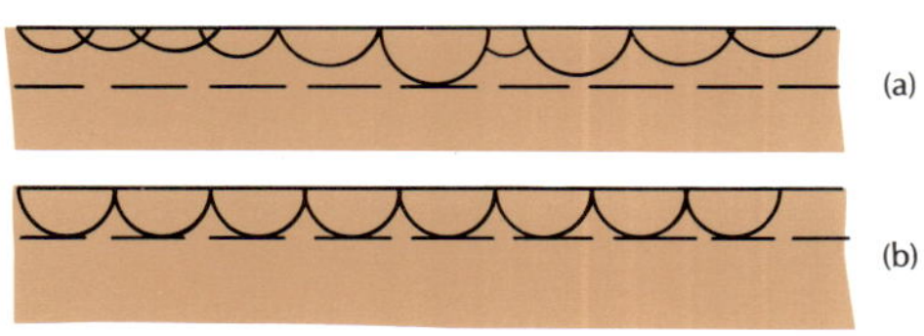

6

Schnitzen Sie bei gewölbten Konturen immer bergab. Wenn Sie das nicht beachten, hakt das Hohleisen ein und verursacht einen Riß im Holz (a). Halten Sie die Schneide beim Abheben eines Spans ständig im Schnitt, indem Sie der Kontur folgend das Werkzeugheft langsam anheben.

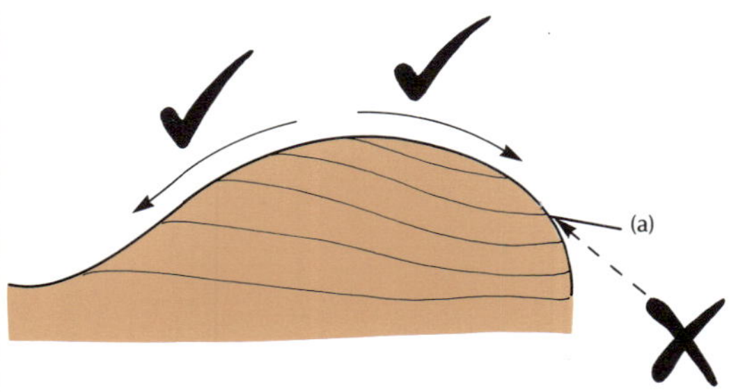

7

Es bereitet Schwierigkeiten, eine steile Flanke oder tiefe Höhlung mit einem geraden Hohleisen herauszuarbeiten, da sich der erforderliche Schnittwinkel ab einer bestimmten Tiefe nicht mehr einhalten läßt. Dann springt das Hohleisen aus dem Schnitt (a). Verwenden Sie deshalb für solche Partien ein gebogenes Hohleisen (Nr. 12–20) oder ein gekröpftes (Nr. 24–32). Oft ist es nötig, dabei eine drehende, grabende Bewegung mit dem Werkzeug zu machen, die durch Drehen des Werkzeughefts gelingt.

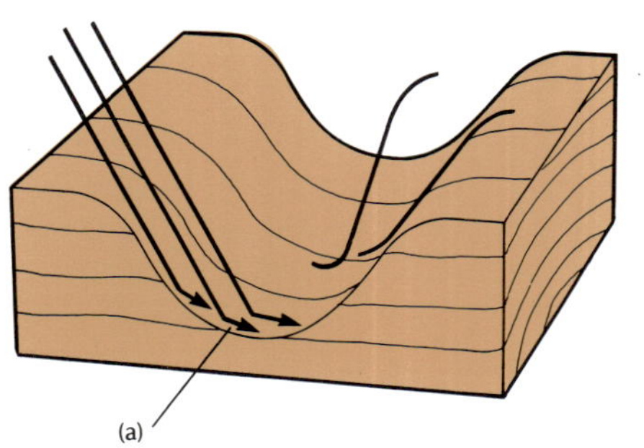

8

Jede auf ein Werkstück gezeichnete Kurve hat relativ zur Richtung der Holzfasern grundsätzlich zwei Winkel. Auf der einen Seite ist der Winkel spitz, kleiner als 45° (a), dort würden Sie mit der Faser schneiden. Auf der anderen Seite ist er stumpf (b), hier schneiden Sie gegen die Faser. Sie können ferner erkennen, daß dies davon abhängt, in welcher Richtung Sie der Kurve folgen, von rechts oder von links.

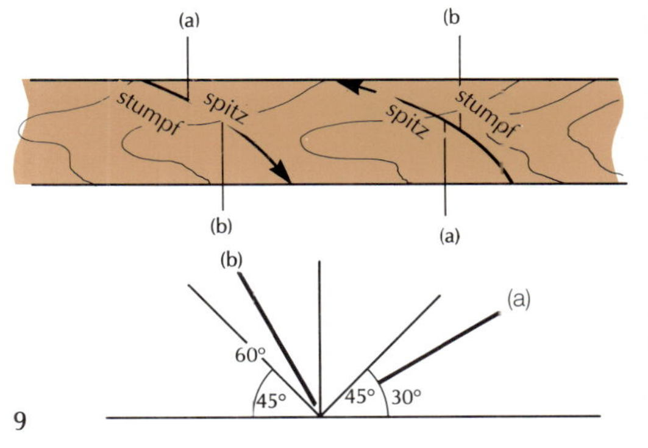

9

Um einen sauberen Schnitt zu erzielen, müssen Sie dem Winkel zwischen der Klinge des Werkzeugs und den Holzfasern Beachtung schenken. Der Schnitt gegen die Faser sollte immer auf der Abfallseite erfolgen.

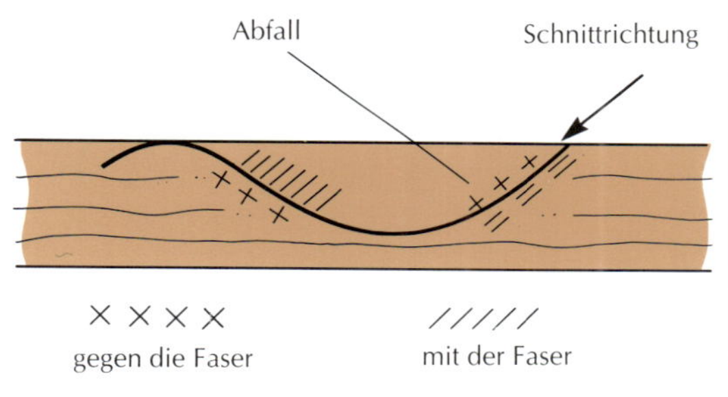

10

Wie bereits gesagt, entsteht beim Schnitt gegen die Faserrichtung eine rauhe Oberfläche. Sehen Sie sich die Oberfläche an, wenn Sie schnitzen. Ist sie glatt, dann arbeiten Sie in die richtige Richtung; ist sie rauh, probieren Sie den Schnitt in entgegengesetzte Richtung. Bei Reliefschnitzerei muß diesem Punkt besondere Beachtung geschenkt werden.

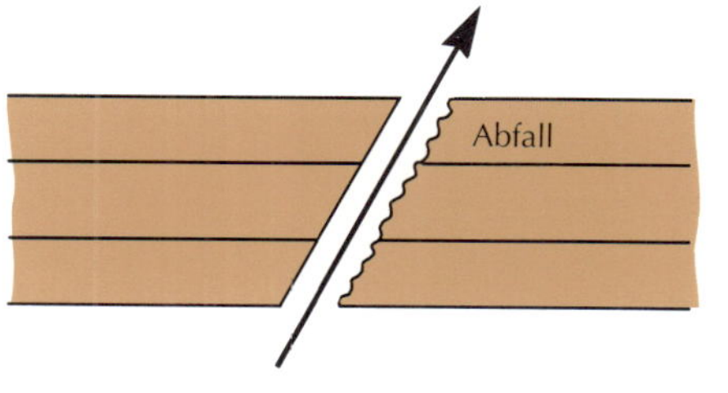

11

Wird Holz gegen die Faser bearbeitet, reißen die einzelnen Fasern aus. Beim Schnitt mit Geißfuß oder Ziereisen ist es bisweilen erforderlich, den Schnitt in beide Richtungen zu machen und dabei das Werkzeug etwas nach derjenigen Seite zu kanten, wo es mit der Faser schneidet.

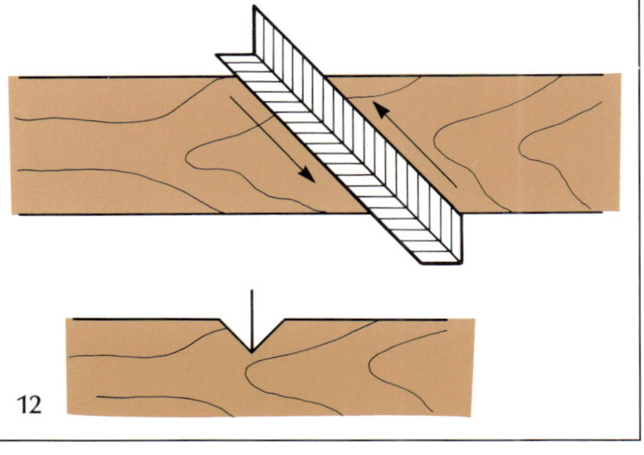
12

Als Anfänger sollten Sie zunächst ein Flachrelief schnitzen und sich erst später eine Skulptur vornehmen.
(Schritt 1–16) Bei einem Flachrelief kann man kaum Fehler machen, beginnen Sie daher mit einem Entwurf für etwa 10 mm Schnitztiefe. Wählen Sie ein feinporiges, nicht zu hartes Holz, z. B. Linde. Zunächst muß das Stück auf 20 mm Dickte abgerichtet werden. Die Hirnenden können zum Spannen abgefälzt werden (a). Länge und Breite hängen von der Wahl des Ornaments ab. Für die Blume auf Seite 72 brauchen Sie ein Brettchen von 300 x 100 x 20 mm. Sehen Sie auf den Hirnenden nach, welches die rechte Seite ist (b).

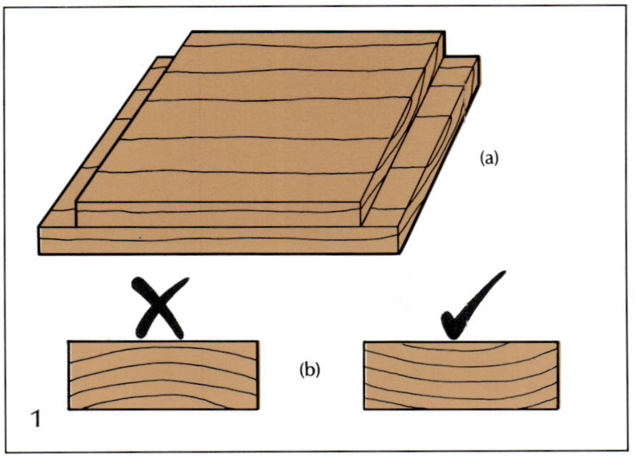

1

Legen Sie die Schnitztiefe fest, in diesem Fall etwa 10 mm. Reißen Sie diese Tiefe von der oberen Fläche aus an allen Kanten an. Der Riß bezeichnet die endgültige Tiefe der Schnitzerei. Reißen Sie etwas oberhalb davon eine punktierte Linie ebenfalls auf allen Kanten an. Bis zu dieser Tiefe wird die Schnitzerei im ersten Stadium ausgeführt, damit Korrekturen noch möglich sind und kein Schnitt tiefer geht, als die endgültige Schnitztiefe vorsieht.

2

Übertragen Sie die Zeichnung mit Pauspapier auf das Werkstück. Vermeiden Sie Absätze, die das Kontrollieren der Schnitztiefe erschweren. Diese Kontrolle ist leichter, wenn Sie den Abfall rundherum gleich auf die Tiefe bis zur punktierten Linie entfernen (a). Sie können aber auch die äußeren Kanten stehen lassen und den Abfall nur entlang der Kontur bis auf gleiche Tiefe als Rinne ausarbeiten (b).

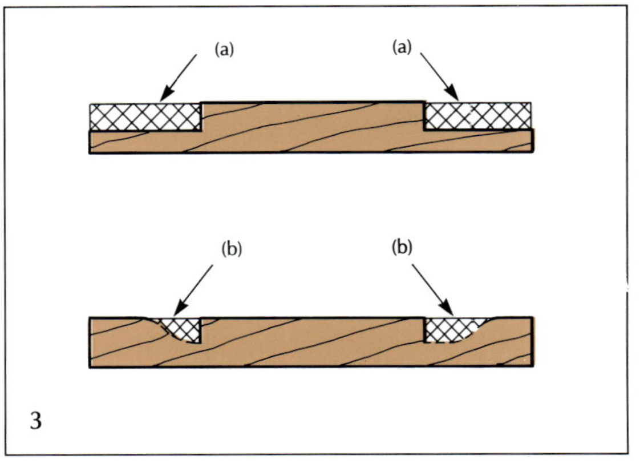

3

Größere Abfallstücke können weggesägt werden, man muß dabei nur aufpassen, daß man nicht tiefer als bis zur punktierten Linie einsägt (a). Umstechen Sie das Ornament etwa 3 mm vom Umriß entfernt im Abfallbereich mit dem Geißfuß (b). Schwierige Stellen lassen Sie vorerst noch voll und schnitzen nur die groben Umrisse. Anschließend arbeiten Sie den Abfall mit einem 6 mm breiten Hohleisen Nr. 9 oder einem Ziereisen schräg zur Faser vom Ornament her bis zur punktierten Tiefe weg.

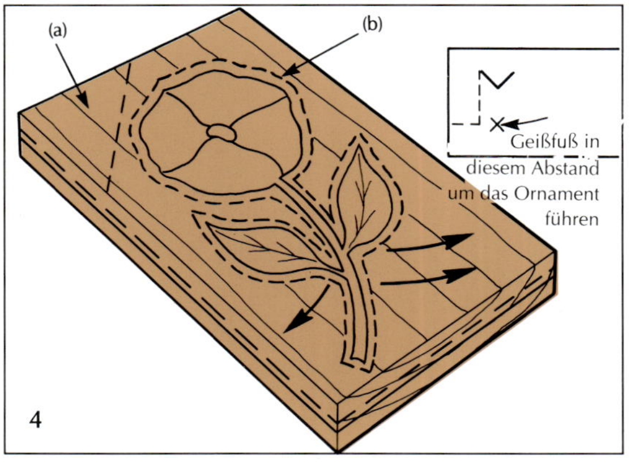

4

Entfernen Sie das überflüssige Holz um das Ornament herum mit einem den Umrissen angepaßten Hohleisen durch senkrechte Stiche bis auf Tiefe. Konvexe Konturen können am besten mit dem Balleisen Nr. 1 geformt werden, konkave mit einem Hohleisen, dessen Stich größer ist als die konkave Rundung. Stechen Sie zuerst grundsätzlich quer zur Faser herunter. Auf diese Weise vermeiden Sie das Aussplittern neben dem Hohleisen, das beim Stechen längs der Faser auftritt.

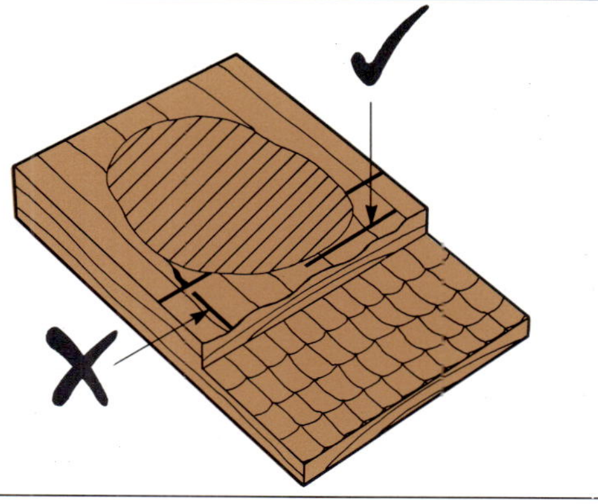

5

Wenn Sie das Hohleisen mit der Fase zum Ornament gerichtet ansetzen, müssen Sie es geneigt halten, so daß die Fase senkrecht steht (a), sonst weicht es im Schnitt nach außen ab. Zeigt die Fase vom Ornament weg, halten Sie das Hohleisen senkrecht (b).

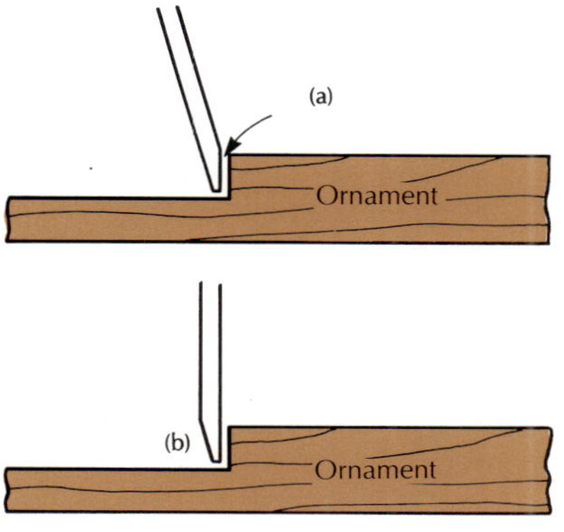

6

Um das Hohleisen zum Schnitt exakt ansetzen zu können, müssen Sie es ganz unten an der Klinge mit zwei Fingern und Daumen anfassen. Würden Sie es am Heft anfassen, wäre das genaue Ansetzen viel schwieriger. Sie könnten dann unbeabsichtigt verkantete Schnitte machen und dabei zuviel wegnehmen.

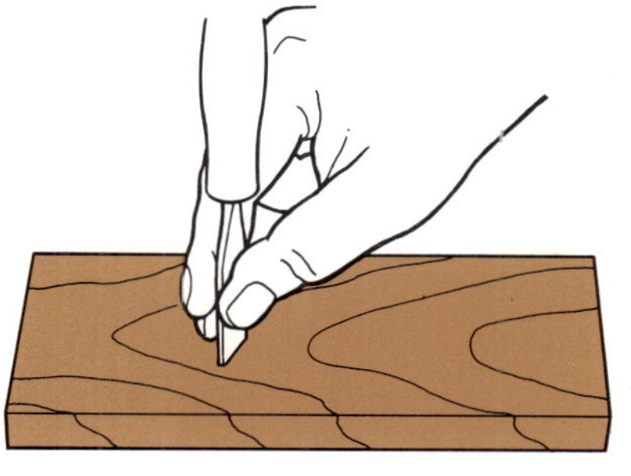

7

Wenn das Eisen senkrecht ins Holz dringt, wirkt es wie ein Keil und drückt auf beiden Seiten die Holzfasern zusammen (a). Beim Herausziehen des Eisens brechen die Fasern dann oft aus. Deshalb sollten Sie immer im Abfallbereich beginnen und zum Ornament hin arbeiten (b). So wird auf der Ornamentseite kein Druck ausgeübt, und die Holzfasern bleiben dort intakt (c). Bei jedem weiteren Schnitt richtet sich der seitliche Druck nur in Richtung des Abfalls (d), und die Schnittfläche auf der Ornamentseite wird glatt.

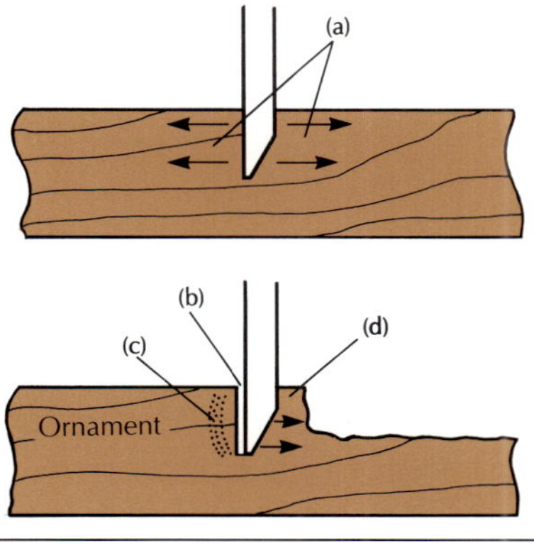

8

Bei konvexen Konturen wird zunächst ein Balleisen oder ein Hohleisen mit kleinem Stich verwendet und anschließend bis zum Riß sauber nachgestochen. Das Balleisen Nr. 1 erzeugt gerade Flächen (a), das Hohleisen Nr. 3 leicht gerundete (b). Bei konkaven Konturen können Sie ein Hohleisen mit passendem oder größerem Stich benutzen und dann sauber nachstechen (c).

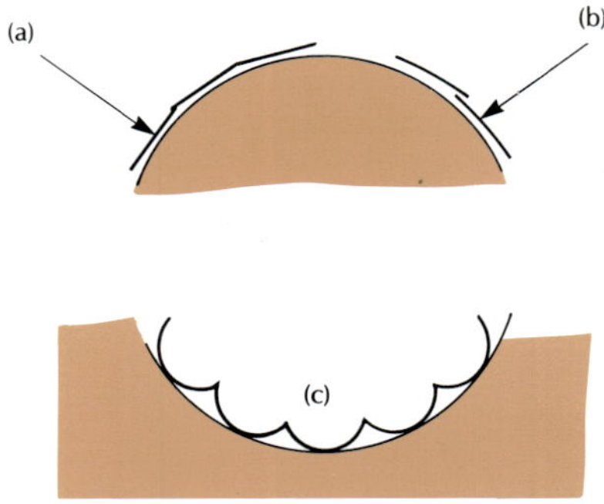

9

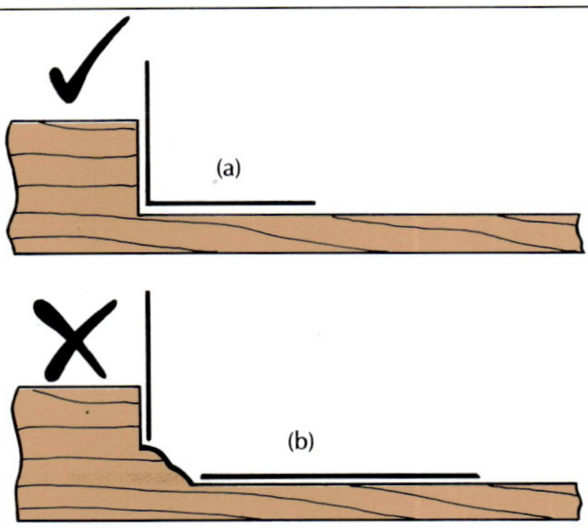

10

Stechen Sie immer auf gleiche Tiefe herunter, dann läßt sich der Abfall am besten entfernen. Brechen Sie das Holz beim waagerechten Nachputzen nicht heraus. Scharfe Werkzeuge, bis auf richtige Tiefe gebracht, ergeben eine saubere Oberfläche (a). Je genauer Sie schnitzen, desto sauberer wird Ihre Arbeit. Stumpfe Werkzeuge und nicht eingehaltene Tiefe führen dazu, daß Holz ausbricht (b). Wenn Sie einen Klüpfel benutzen, hören Sie bei den Schlägen auf den Klang, auch danach können Sie beurteilen, wie tief Ihr Werkzeug eingedrungen ist.

Achten Sie darauf, daß der Grund so eben wie möglich wird. Bei seiner Bearbeitung schnitzen Sie möglichst schräg (a) oder rechtwinklig (b) zur Holzfaser. Wenn Sie über die Kante schnitzen, wird das Holz dort meist ausbrechen, weil ihm ein Rückhalt fehlt (c). Arbeiten Sie deshalb von den Ecken aus nach innen (d).

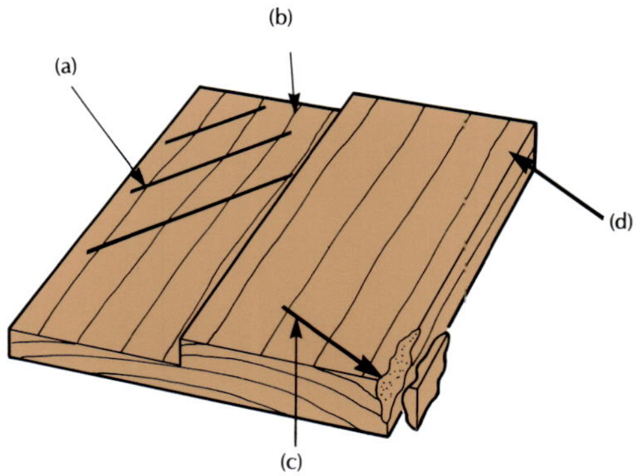

11

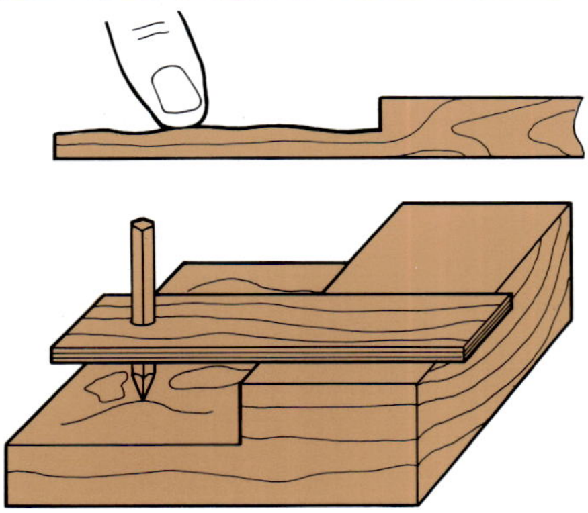

12

Prüfen Sie die Ebenheit des Grundes durch Abtasten. Meist steigt er zum Ornament hin an. Aus einem Stück Sperrholz mit einem Loch für einen Bleistift können Sie eine einfache Tiefenlehre machen. Kleine Höhenunterschiede werden beim Nachputzen des Grundes beseitigt.

Bei Reliefschnitzereien ist die Wirkung von reflektiertem Licht und Schatten (a) besonders wichtig. Prüfen Sie den erreichten Effekt von Zeit zu Zeit, indem Sie das Werkstück hinstellen und mit Streiflicht anleuchten (b). Denken Sie auch daran, daß die Reflexion stärker ist, wenn die fertige Arbeit poliert ist. Je bewegter die Oberfläche des Ornaments gestaltet ist, desto ausgeprägter ist der Effekt.

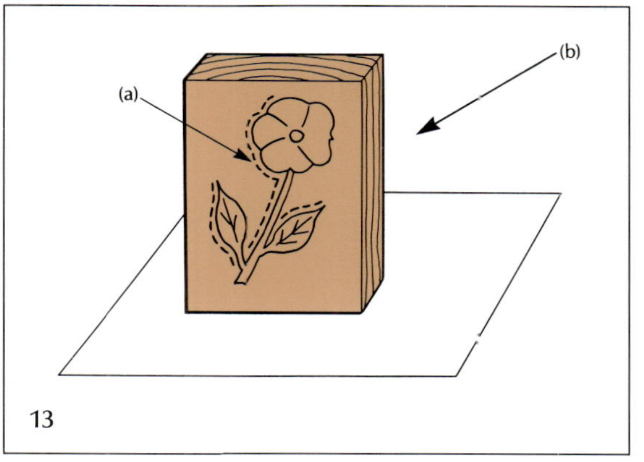

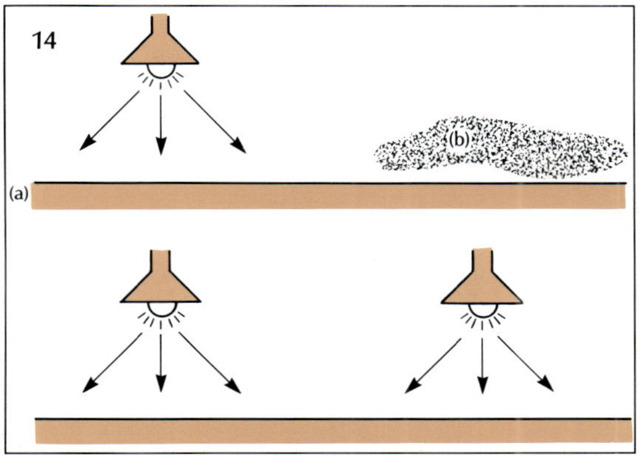

Richtiges Licht beim Arbeiten ist wichtig (a). Tageslicht und Glühlampen werfen Schatten (b), Leuchtstofflampen geben dagegen eine zu flache Beleuchtung und bringen Schatten nicht genug heraus. Zwei Glühlampen über dem Werkstück sind besser als nur eine.

Vermeiden Sie völlig glatte Flächen, sie wirken langweilig, und man sieht jeden kleinen Fehler auf ihnen. Geschliffene Flächen sind »tot« und reflektieren kaum Licht (a). Kleine Spuren von Schnitten mit Hohleisen wirken wie Facetten und reflektieren jede für sich das Licht, dadurch bekommt die Schnitzerei Leben (b). Pflanzenstengel fangen das Licht besser ein, wenn sie oben eine kleine Kante anstatt einer Rundung haben (c).

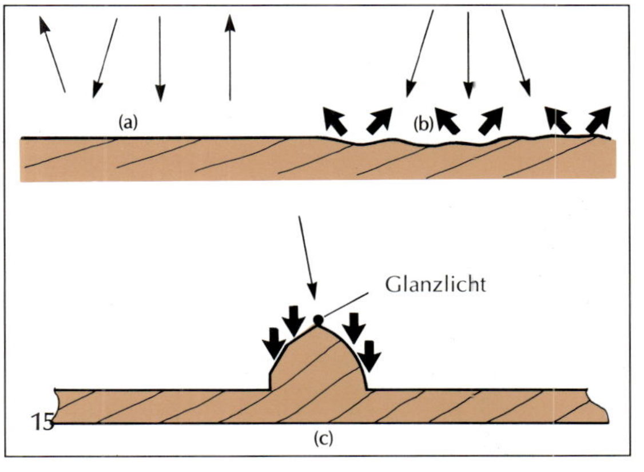

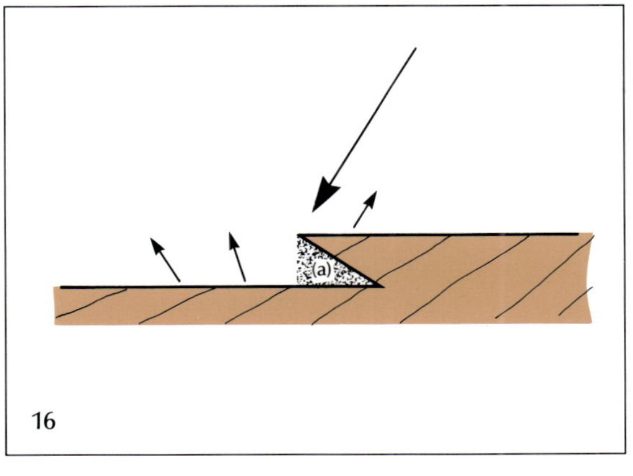

Ein Hinterschnitt bringt deutliche Schatten hervor (a). Man nutzt diesen Effekt, wenn Einzelheiten vom Grund abgehoben erscheinen sollen, z. B. bei Blättern. Der Hinterschnittwinkel beträgt etwa 30°, schneiden Sie aber nicht zu tief ein, sonst wird das Detail zu zerbrechlich. Hinterschnitte werden erst angebracht, wenn der Grund ganz fertig bearbeitet und das Ornament ebenfalls vollendet ist. Nehmen Sie dafür ein Balleisen Nr. 1 oder ein Hohleisen Nr. 3; merken Sie sich das kleine, scharf gekröpfte Eisen Nr. 52 für eine gelegentliche Anschaffung vor. Der Grund kann mit einem Hohleisen Nr. 3 leicht überarbeitet werden, um einen gewellten Eindruck zu erwecken.

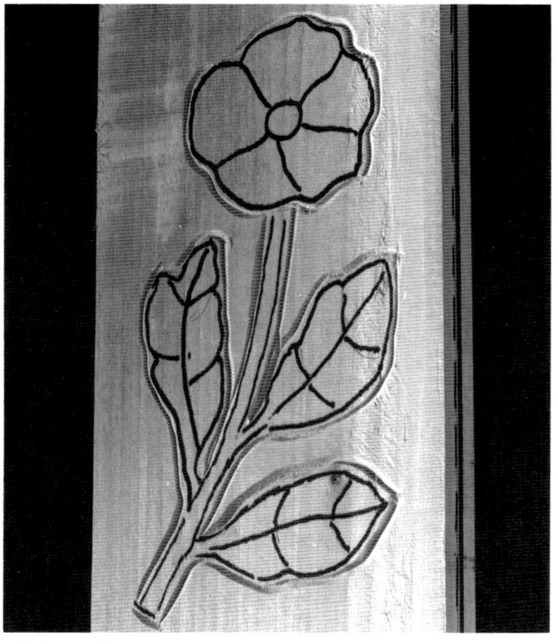

(a) Ornament aufgezeichnet und umstochen

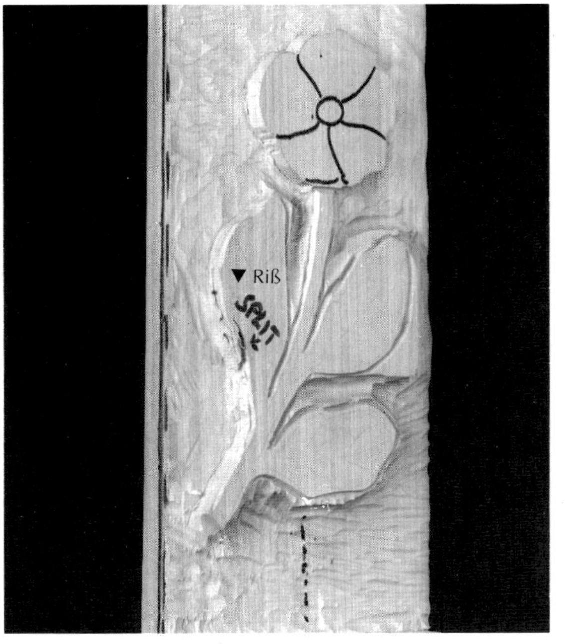

(b) Grund auf Tiefe gebracht (Split = Riß)

(c) Formen des Ornaments

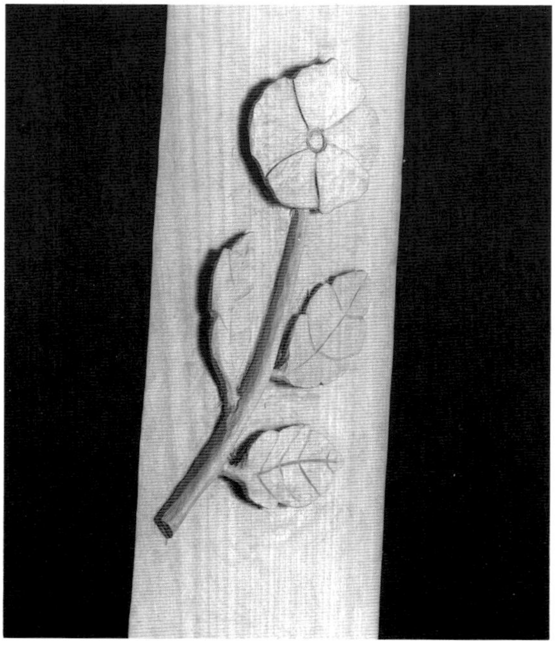

(d) Fertige Schnitzerei

(Zu den Fotos auf der vorigen Seite) Die Schritte beim Schnitzen eines Flachreliefs mit den häufigsten Fehlern. Das Werkstück ist aus Lindenholz von 300 x 100 x 20 mm Größe. Zunächst ist das Ornament auf das Brettchen gepaust und mit dem Geißfuß umstochen worden (a). Grundtiefe und Zugabe für das Schlichten sind auf den Kanten angerissen. Beachten Sie das Verhältnis von Höhe zu Breite. Vermutlich würde die Schnitzerei besser wirken, wenn das Brettchen breiter wäre.

Die Tiefe für den Grund ist weitgehend erreicht (b). Die Blume ist bis an den endgültigen Umriß heran freigestochen. Unten links wurde der Grund mit einem stumpfen Hohleisen bearbeitet, unten rechts mit einem scharfen. Am linken Blatt ist links ein Riß entstanden, weil versäumt wurde, rechtzeitig daneben quer zur Faser herunterzustechen.

Der Grund ist auf endgültige Tiefe gebracht worden. Blume und Blätter sind fertig ausgeformt (c). Der Hinterschnitt ist nicht überall sauber ausgeführt, und kleine Reste vom Abfall sind noch nicht entfernt. Dies liegt entweder an mangelnder Sorgfalt beim Schnitzen von Details oder an falsch geschärften Hohleisen.

Die als letzte abgebildete Schnitzerei wurde sorgfältiger gearbeitet. Es wurde ein breiteres Lindenbrettchen (125 mm) gewählt, um das Seitenverhältnis zu verbessern. Sie werden sicher zustimmen, daß die Schnitzerei so einen ausgewogeneren Eindruck macht, gehen Sie also lieber etwas großzügiger mit dem Holz um. Wenn Sie beim Holzeinkauf knausern und später keinen Spielraum mehr haben, kann die fertige Schnitzerei in ihrer Wirkung dadurch stark beeinträchtigt werden.

Senkrechte Werkzeughaltung beim Herunterstechen

Hier sehen Sie die senkrechte Haltung des Hohleisens, während mit seiner Höhlung an einer konvexen Kontur heruntergestochen wird.

Geneigte Werkzeughaltung beim Herunterstechen

An Stellen mit konkaver Kontur muß der Schnitt mit zum Ornament gerichteter Fase erfolgen. Das Hohleisen wird dabei so weit geneigt gehalten, daß die Fase senkrecht herunterschneiden kann.

(Schritt 1–8) Schnitzereien als Hochrelief haben eine Schnitztiefe von 25 bis 150 mm oder mehr. Das Hochrelief eignet sich besser für einzelne Objekte als für wiederkehrende Formen. Für sehr große Schnitztiefe leimt man mehrere Brettstücke auf das Grundbrett. Es müssen rechte mit rechter Seite und linke mit linker Seite verleimt sein, damit sich Spannungen ausgleichen, sonst wirft sich das Ganze. Künstlich getrocknetes Holz eignet sich am besten, aber an den Verbindungsstellen kann eine Schwindung auftreten.

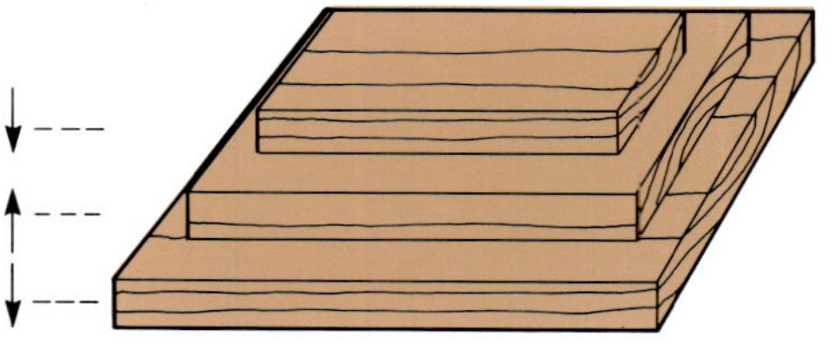

1

Im allgemeinen beträgt die Schnitztiefe beim Hochrelief jedoch nur 50 bis 60 mm, und man kann einen massiven Rohling dafür nehmen (a). Wählen Sie den Grund nicht zu dünn, sonst sieht es nicht harmonisch aus und wäre auch nicht haltbar genug. 20 mm sollten als Stärke für den Grund ausreichen.

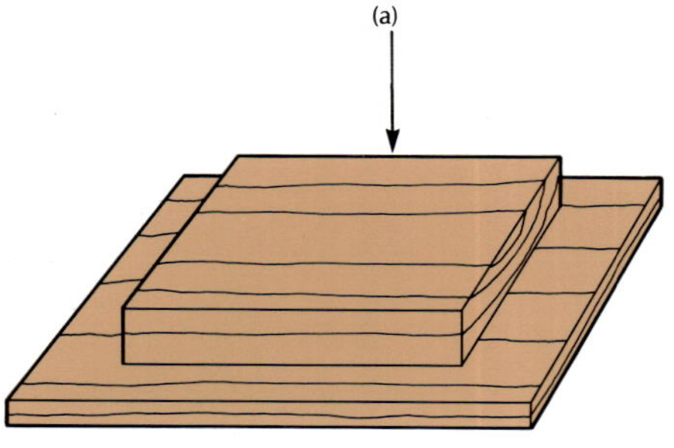

2

Um das eigentliche Ornament (a) herum muß der Grund nicht überall ganz ausgehoben werden. Ein Relief mit abgestuften oder schrägen Flanken kann hübsch und gleichzeitig praktisch sein, da man die Zeit für das Abarbeiten bis auf den gesamten Grund spart. Wird die Schräge allerdings zu steil (b), kann es schwierig werden, Flächen und Hinterschnitte am Ornament sauber zu bekommen. Man nehme dann gebogene Hohleisen Nr. 12–20 oder gekröpfte Nr. 24–32.

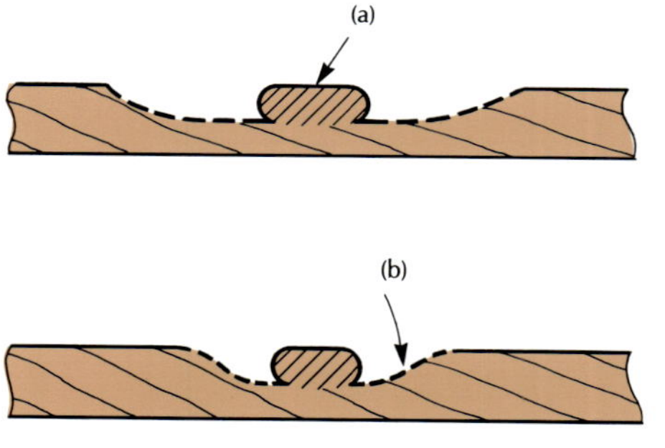

3

Der Hinterschnitt kann ausgeprägter sein als beim Flachrelief. Es ist besonders wirkungsvoll, wenn ein Detail unten ganz freigearbeitet wird, so daß es völlig vom Grund gelöst ist. Die notwendige Festigkeit bleibt erhalten, wenn man bei Blättern nur die Kanten scharf zulaufend formt (a). Dadurch entsteht die Illusion, das Detail sei dünner als es wirklich ist. Ein Relief sollte von vorn betrachtet werden. Wenn man die Seiten des Ornaments betont, erhält die Schnitzerei optisch eine zu große Tiefe und nimmt den Charakter einer dreidimensionalen Arbeit an.

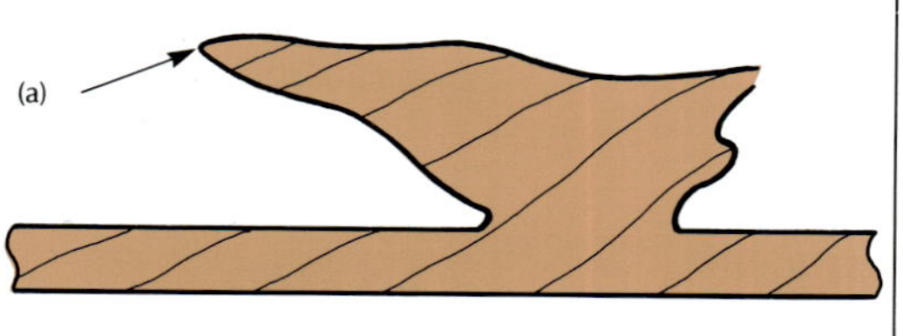

4

Das Übertragen der Zeichnung auf das Holz, das Umstechen der Umrisse und das Abarbeiten des Abfalls werden genauso ausgeführt wie beim Flachrelief. Wegen der größeren Tiefe darf man jedoch beim Herunterstechen bis zum Grund nicht zu kräftig auf die Beitel schlagen. Schließlich muß ja das Holz die Energie der Klüpfelschläge irgendwie absorbieren (a). Ein Zuviel an Energie könnte Risse im darunterliegenden Holz zur Folge haben (b).

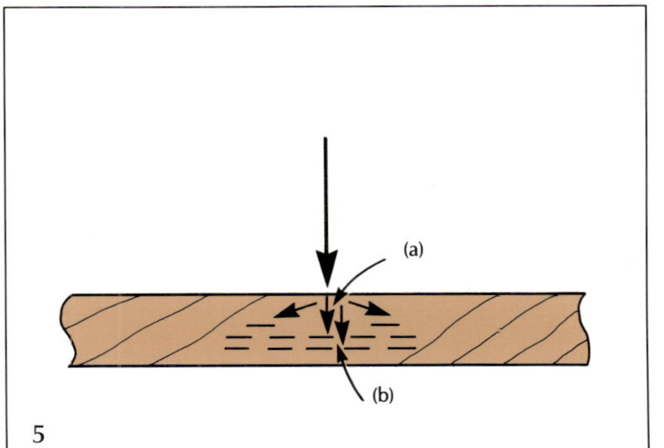

5

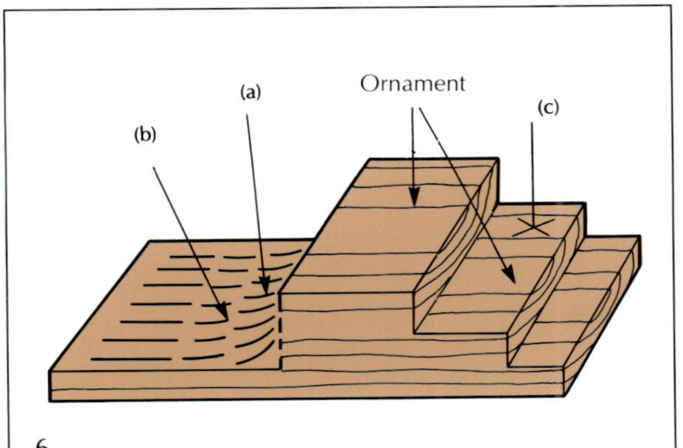

6

Beim Grund zeigt sich immer wieder die Tendenz, daß er zur Mitte und zum Ornament hin ansteigt (a). Man sollte versuchen, das zu vermeiden, und der Grund muß auf jeden Fall auf gleicher Höhe sein (b), ehe man mit dem Ausformen des Ornaments beginnt. Einzelne Details auf einer niedrigeren Ebene können aufs Holz gepaust werden, nachdem bis auf diese Stufe heruntergearbeitet ist (c).

Entwerfen Sie Ihr Ornament so, daß bruchgefährdete Teile nicht über Querholz laufen. Blätter, die quer zur Holzfaser liegen, werden am besten nahe am Grund geschnitzt, oder aber ihre Spitze sollte auf den Grund reichen, um genügend Festigkeit zu haben.

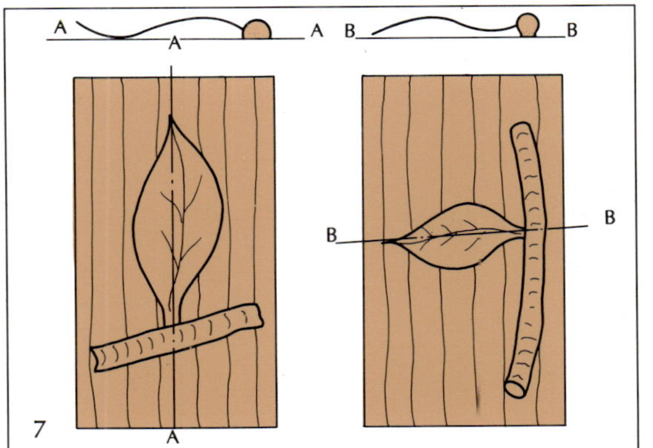

7

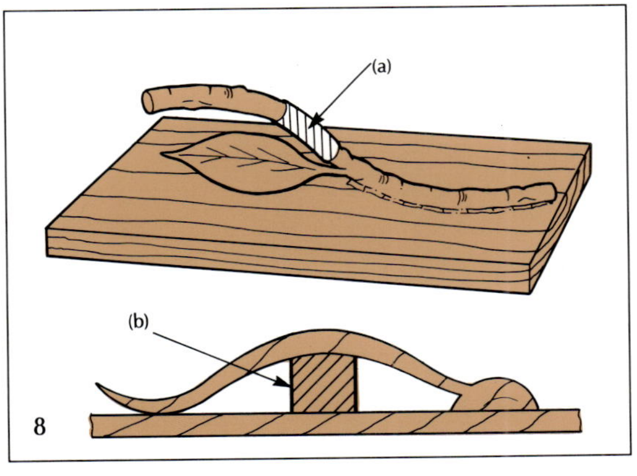

8

Zerbrechliche Partien kann man zwischenzeitlich bis zur Fertigstellung der Schnitzerei mit Klebeband (a) verstärken. Man kann unterstützende Teile stehen lassen (b) und erst ganz zum Schluß vorsichtig entfernen. Damit dünne, freiliegende Teile nicht abbrechen, sollten Sie deren Rückseite lieber mit Schleifpapier bearbeiten als zu versuchen, alles mit Schnitzwerkzeugen herauszuarbeiten.

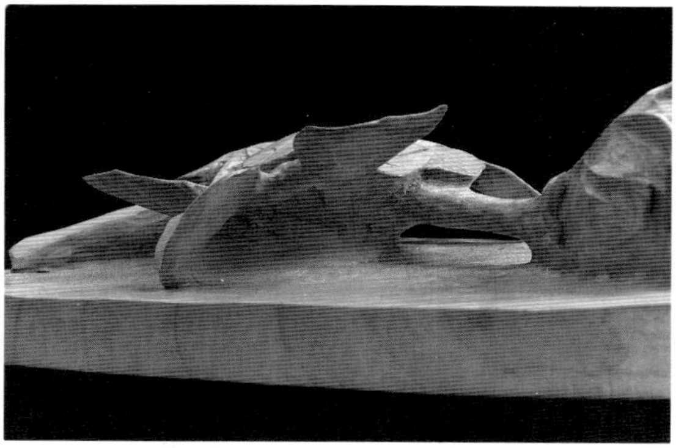

Hier sehen Sie die Schnitztiefe des Hochreliefs

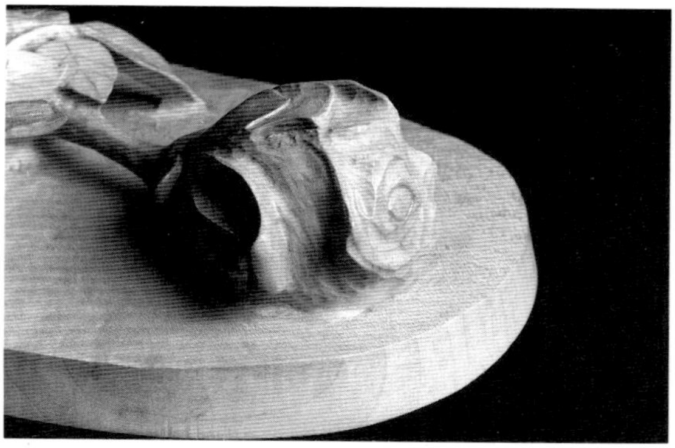

Der Abfall wurde teils durch Sägeschnitte, teils durch Schnitzen entfernt

Diese Arbeit wurde in Ahorn ausgeführt, das sich sauber schnitzen läßt und quer zur Faser relativ fest ist. Lindenholz wäre ebensogut geeignet. Der Rohling hatte die Abmessungen 350 x 280 x 80 mm und wurde zunächst ganz als Rechtkant zugerichtet. Man hätte auch entsprechende Klötze auf ein Grundbrett leimen können, aber der Eindruck wäre dann nicht derselbe.

Nach dem Übertragen der Zeichnung wurde der Umriß mit einem Geißfuß tief umstochen. Große Stücke Abfall wurden weggesägt und kleinere mit Hohleisen Nr. 9 oder Nr. 11 entfernt. Bei der groben Vorarbeit dürfen keine zu kräftigen Schläge mit dem Klüpfel erfolgen, sonst könnte die Holzstruktur stellenweise Schaden erleiden.

Der Stengel ist herausgearbeitet, ehe die Blätter geschnitzt wurden

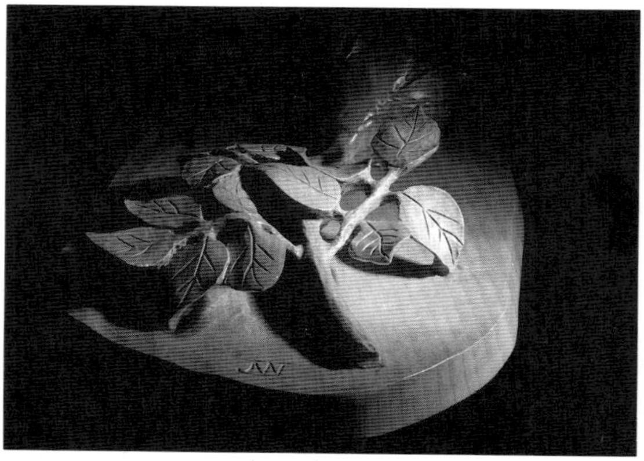

Blätter müssen bewegt gestaltet werden, um interessant zu wirken

Trotz Ausnutzung der gesamten Schnitztiefe stehen hohe Partien der Blätter fast auf gleicher Ebene wie die Rose selbst. Das erleichterte das Arbeiten, da am Anfang nur die Partie um den Stengel auf volle Tiefe gebracht werden mußte. Anschließend wurde die Form der Rose modelliert. Für nachträgliche Korrekturen wurde bei tieferliegenden Partien zunächst noch allseitig ein Aufmaß belassen, dafür mußten diese Konturen noch einmal aufgepaust werden.

Nachdem für alle Details die Position festgelegt war, begann das Modellieren der Formen. Die Blüte erhielt eine fast dreidimensionale Form, und der Stengel bekam seinen gebogenen Verlauf. Quer zur Holzfaser verlaufende Blätter und Zweige wurden solange wie möglich mit stehengelassenen Partien unterstützt, die Blätter geformt und dann von hinten in ihrer Stärke reduziert. Zum Schluß wurde der Grund geglättet.

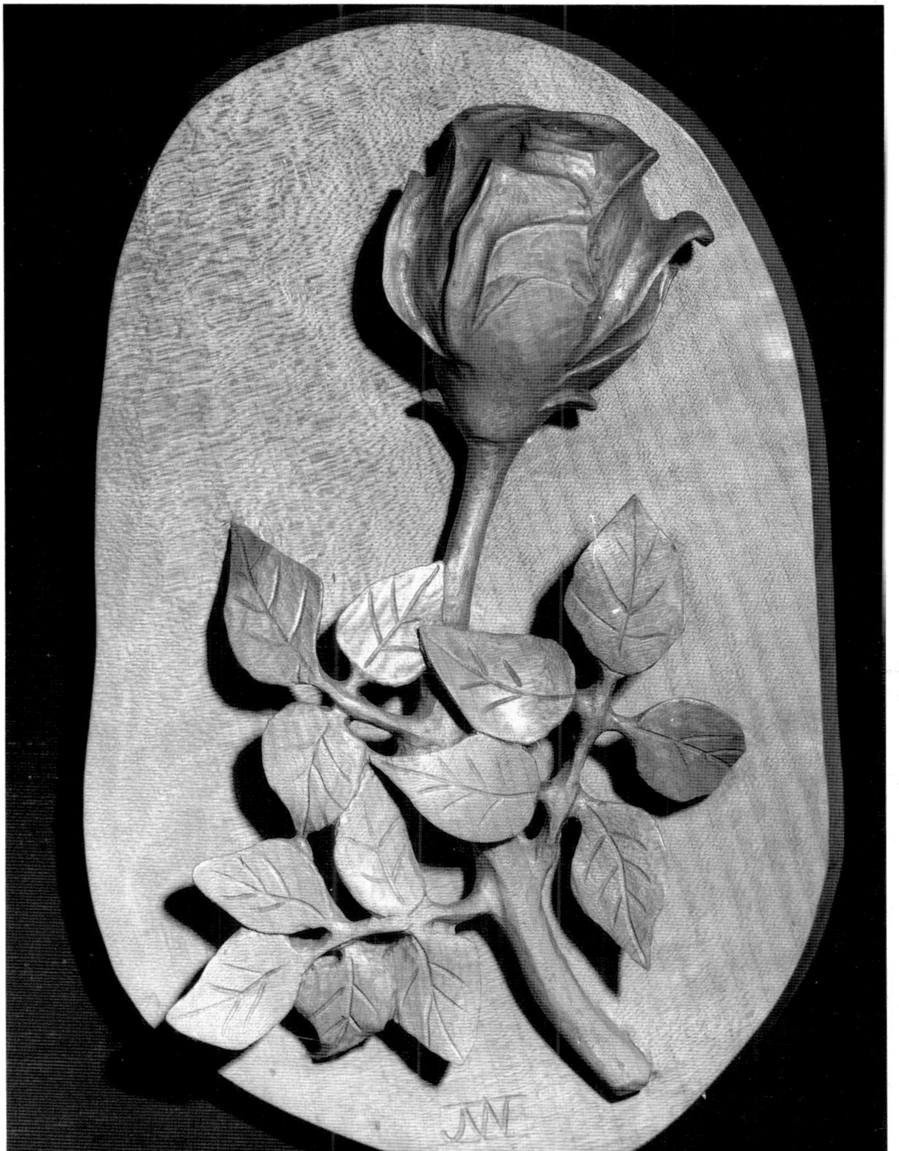

Die Anfertigung eines Hochreliefs wie diese Rose kann sehr anregend sein. Die Schnitztiefe muß gut überlegt ausgenutzt werden, um eine optimale Wirkung zu erreichen. Die Konturen sollten in möglichst viele Richtungen laufen. Es hilft einem sehr, wenn man dazu die Arbeit während des Schnitzens des öfteren von allen Seiten begutachtet

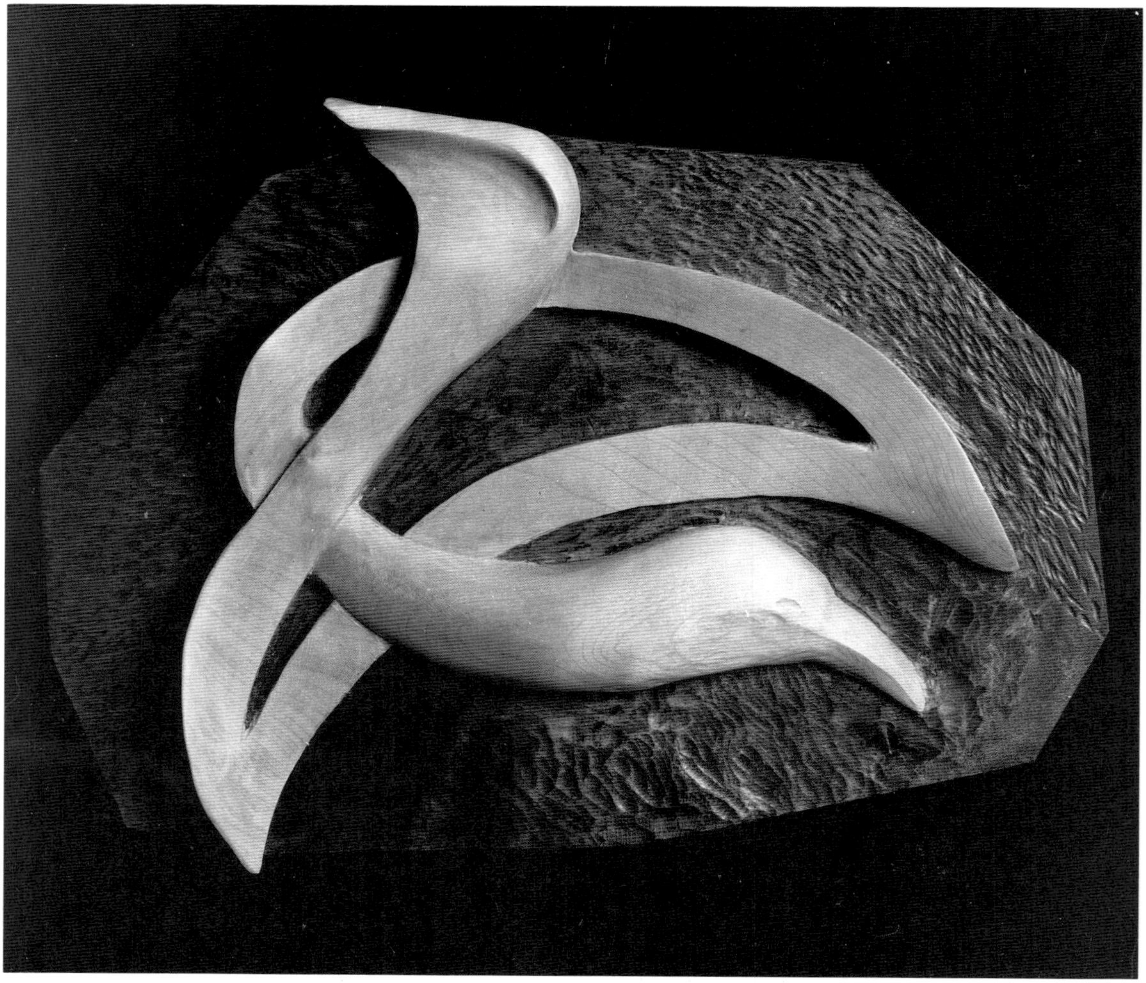

Reliefschnitzerei: fliegender Vogel

Die Schnitzerei wurde in Ahorn ausgeführt, Abmessungen 340 x 255 x 50 mm. Der Umriß des Grundes wurde erst nach Fertigstellung der Schnitzerei gestaltet.
Figur und Grund mußten in möglichst scharfem Kontrast zueinander stehen. Der Vogel selbst ist sauber geglättet, und der Grund zeigt kräftige Bearbeitungsspuren.

Der Umriß des Grundes wurde kantig gewählt im Gegensatz zu den fließenden Konturen des Vogels.
Schließlich wurde der Grund zur Verstärkung des Kontrasts noch dunkel gebeizt, aber erst nachdem der Vogel zuvor eingewachst worden war. Das Wachs hinderte die Beize daran, ins helle Holz des Vogels einzudringen.

Reliefschnitzerei: Fischreiher

Dieses Relief wurde aus einer künstlich getrockneten Bohle aus amerikanischem Kirschbaum mit den Maßen 660 x 190 x 20 mm, die abgerichtet und auf Dickte gehobelt war, gearbeitet.

Da für die Schnitzerei nur wenig Tiefe zur Verfügung stand, mußte sehr sorgfältig darauf geachtet werden, daß die verschiedenen Ebenen deutlich voneinander abgehoben erschienen. Weder durften sie nur einfach flach sein, noch konnte tiefer als geplant geschnitzt werden, um die Rundungen zu formen.

Zusätzlich stellte sich die Frage, wie man um die Beine des Reihers herum den Effekt von fließendem Wasser erreichen konnte. Dies wurde durch tiefe waagerechte Rillen angedeutet.

Sehen Sie sich auch die Weidenblätter oben im Bild an. Sie sind in eingeschnittener Manier strukturiert.

Reliefschnitzerei – Regeln

- Reliefschnitzereien kommen erst durch die Reflexion von Licht voll zur Geltung.
- Dafür brauchen sie hohe Partien und Schattenbereiche. Je mehr Ebenen eine Kontur hat, desto besser.
- Stellen Sie beim Entwurf auch Schnittzeichnungen her, anhand derer Sie sich die Konturen besser vorstellen können.
- Jede Bearbeitungsspur auf den Flächen wirkt nach dem Polieren wie ein kleiner Spiegel.
- Übermäßiges Glätten mit Schleifpapier führt zu einem »toten«, flachen Eindruck.
- Schlecht geschnitzte Stellen am Grund fallen nach dem Polieren besonders auf.
- Berücksichtigen Sie die Holzstruktur bei Ihrer Arbeit.
- Wählen Sie ein feinporiges Holz, wenn Sie Feinheiten herausarbeiten wollen.
- Schnitzen Sie die am tiefsten gelegenen Details zuerst, es erleichtert Ihnen die Festlegung der höhergelegenen.
- Prüfen Sie beim Schnitzen von Zeit zu Zeit den Effekt des reflektierenden Lichts, indem Sie die Arbeit aufstellen.

(Schritt 1–16) Wir wollen einen Vogel schnitzen. Es soll ein Fink werden, mit seiner rundlichen, kompakten Gestalt und dem kurzen, stumpfen Schnabel, der beim Schnitzen keine großen Schwierigkeiten bereitet. Die Zeichnung der Seitenansicht wird mit Pauspapier wie bereits beschrieben auf den Rohling übertragen. Der Rohling aus Lindenholz hat die Abmessungen 200 x 100 x 125 mm. Der Umriß der Skulptur wird mit einem Geißfuß umstochen.

1

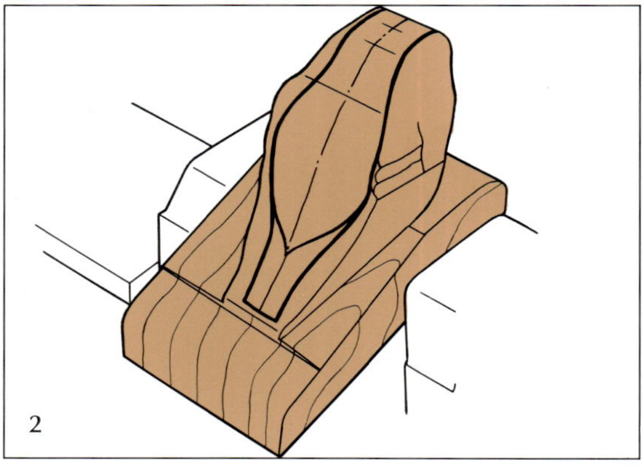

2

Um die Holzmaserung vorteilhaft einbeziehen zu können, wird der Vogel etwas schräg zum Sockel mit leicht gedrehtem Kopf ausgerichtet. Diese Festlegung kann aber erst getroffen werden, nachdem der Abfall mit Säge und Hohleisen Nr. 9 bis zur umstochenen Markierung weggearbeitet worden ist. Der Abfall vor dem Vogel wird mit Bandsäge oder Kopiersäge abgesägt. Auf dem Foto auf Seite 84 sehen Sie, wie man den Abfall nach der einen oder anderen Methode wegarbeiten kann.

Wie bei allen Skulpturen schnitzt man am besten zuerst den Kopf grob vor. Dazu nehmen Sie die Hohleisen Nr. 5, 7 und 9. Die obere Rundung des Kopfes schnitzen Sie mit dem umgedreht gehaltenen Hohleisen Nr. 4. Die Mittellinie wird immer wieder nachgezogen, sobald sie durch das Schnitzen verschwindet, auch Hilfslinien senkrecht dazu können Ihnen nützlich sein. Prüfen Sie die Ausgewogenheit, indem Sie unter Berücksichtigung des Abfalls die Form neu auf das Holz aufzeichnen.

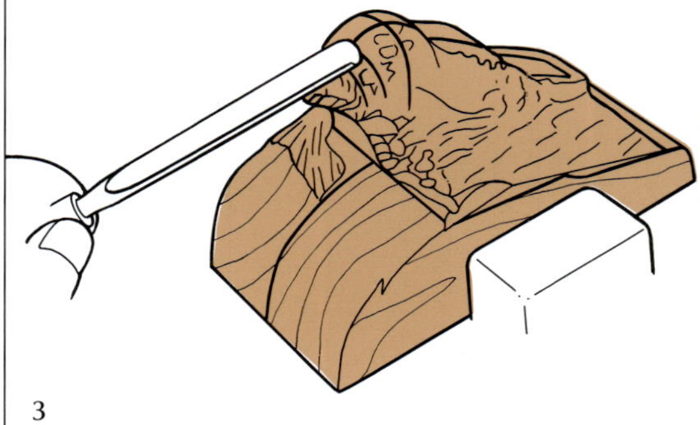

3

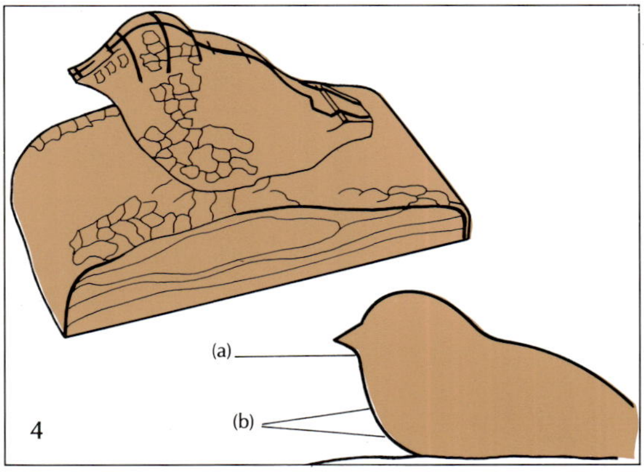

4

Hals bzw. Kehle wird mit einem 6 mm breiten Hohleisen Nr. 9 geformt (a). Nach Festlegung der Kopfstellung kommt dann die Ausformung der Brust. Da es sich um konvexe Konturen handelt, nehmen Sie dazu das Hohleisen Nr. 3 und trennen nur dünne Späne ab (b). Den Schnabel lassen Sie zunächst noch im Vollen und geben ihm nicht seine endgültige Form, da er sonst zu leicht beschädigt werden könnte.

Als nächstes wird der Rücken des Vogels geformt. Damit Sie nicht zu tief einschneiden, nehmen Sie dazu am besten die Hohleisen Nr. 3 und 4. Es ist wichtig, daß Sie immer abwechselnd auf beiden Seiten schnitzen. Falls Sie nämlich erst eine Seite ganz fertig schnitzen würden, hätten Sie Schwierigkeiten, die andere entsprechend anzupassen. Kontrollieren Sie die Gleichförmigkeit, indem Sie Ihre Daumen auf gleicher Höhe darauflegen und die Partie dazwischen begutachten.

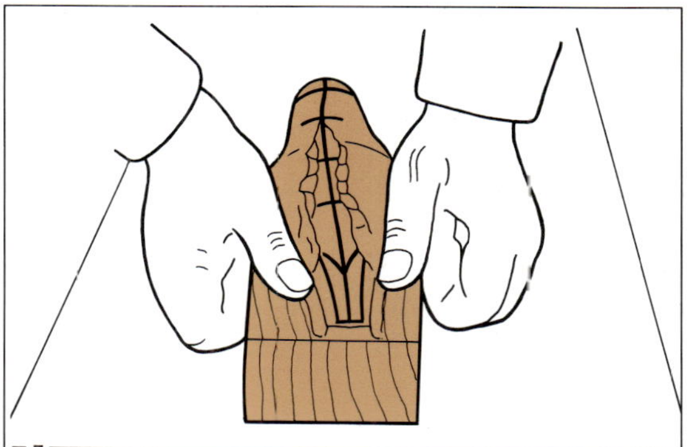
5

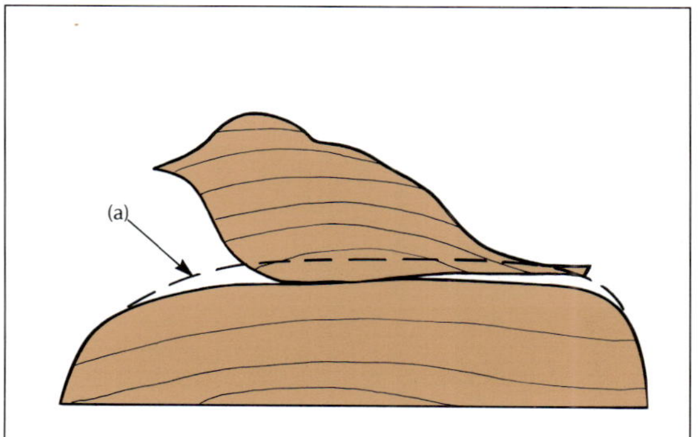

6

Wenn der Vogelkörper grob vorgearbeitet ist, legen Sie die Sockeloberfläche etwas tiefer, um Brust und Seiten weiter unten ausformen zu können (a). Legen Sie die Berührungslinie zwischen Vogelkörper und Sockel nicht fest, indem Sie mit der Säge dort zu tief einschneiden. Ein solcher Schnitt ist später immer zu sehen. Lassen Sie den Sockel in diesem Stadium noch so waagerecht wie möglich. Mit dem Ziereisen Nr. 11 können Sie die Berührungslinie zwischen Vogelkörper und Sockel herausarbeiten.

Wenn die Form der Körperseiten festliegt, kann die Brust fertig bearbeitet werden. Dann wird der Umriß der Flügel an den Seiten und auf dem Rücken mit dem Geißfuß umstochen. Beachten Sie, daß nur ein Teil des Umrisses umstochen wird, nämlich nur derjenige, unter dem der Körper zurückgesetzt werden muß. Die Flügel werden dann auf richtige Größe geschnitzt.

7
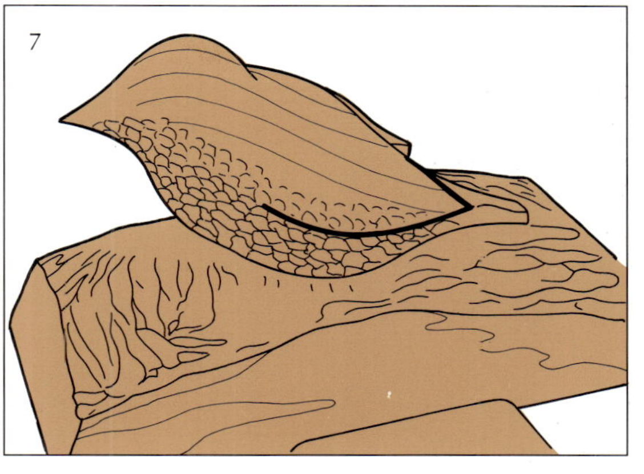

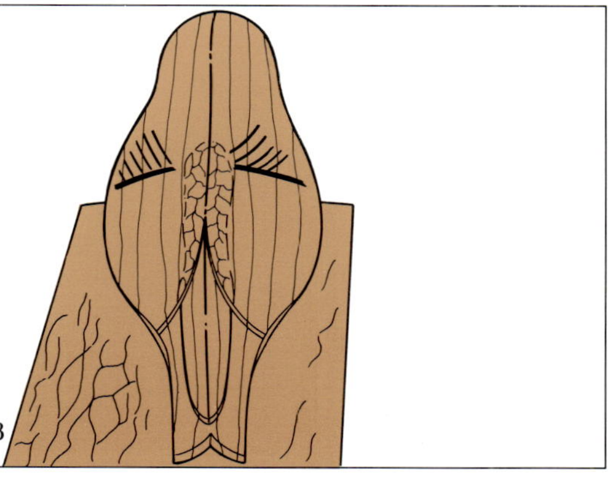
8

Anschließend folgt das endgültige Schlichten, angefangen beim Kopf. Kleine Details lassen Sie aus, sie werden nach dem Schleifen herausgearbeitet. Für das Schlichten benutzen Sie hauptsächlich die Hohleisen Nr. 3 und 4 und heben nur dünne Späne ab. Sie sollten die Raspel sowenig wie möglich benutzen, denn das Schöne am Schnitzen ist die Handhabung der Schnitzwerkzeuge. Kontrollieren Sie die Symmetrie der Schultern, damit die Flügel nicht unnatürlich wirken. Die Rückenmitte wird ganz leicht hohl gestaltet.

Der Rücken des Vogels dürfte keine Schwierigkeiten bereiten und kann mit den Hohleisen Nr. 3, 4 und 5 geschnitzt werden. Die Flügelspitzen zeigen leicht nach oben, um einen Eindruck von Bewegung zu vermitteln (a). Das ist ein klassisches Beispiel für künstlerische Freiheit, in der Natur sind sie nämlich wegen der Form der Schwungfedern gerade. Diese etwas schwierige Stelle bearbeiten Sie daher ganz vorsichtig mit einem stärker gekrümmten Hohleisen, z. B. der Nr. 9, oder nehmen Sie lieber die halbrunde »Filemaster« von Sandvik (b).

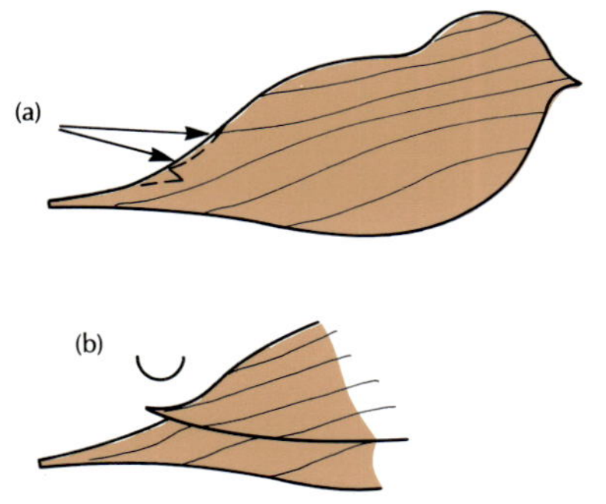

9

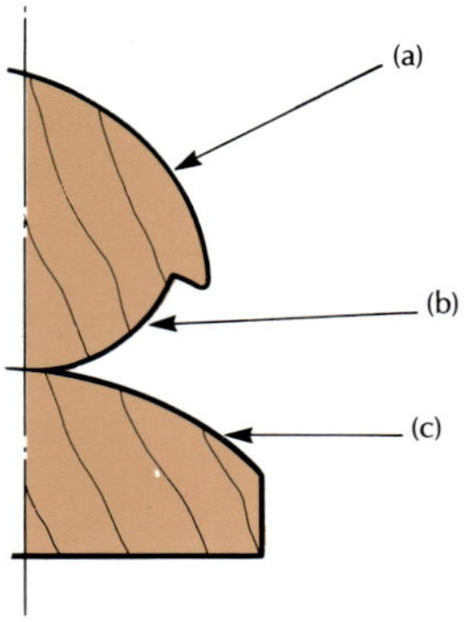

10

Die untere Kante der Flügel sollte an den Körper herangezogen werden (a) und dieser selbst dort schlanker gemacht werden, wo er in den Schwanz übergeht (b). Beine und Füße sind nicht vorgesehen, sie würden bei dieser Pose auch nicht sichtbar sein. Der Sockel erhält dann anschließend seine endgültige Gestalt (c).

Entscheiden Sie jetzt, ob die Flügel glatt bleiben oder ob auf ihnen einzelne Federlagen angedeutet werden sollen. Auch hinter dem Hals könnte ein Kragen von Federn angedeutet werden. Hier wurden die Flügel nicht beschnitzt, sondern glatt gelassen. Der Schwanz kann ebenfalls glatt bleiben (a), aber es können auch Federlagen angedeutet werden (b). An den Seiten muß er jedoch leicht unterschnitten werden.

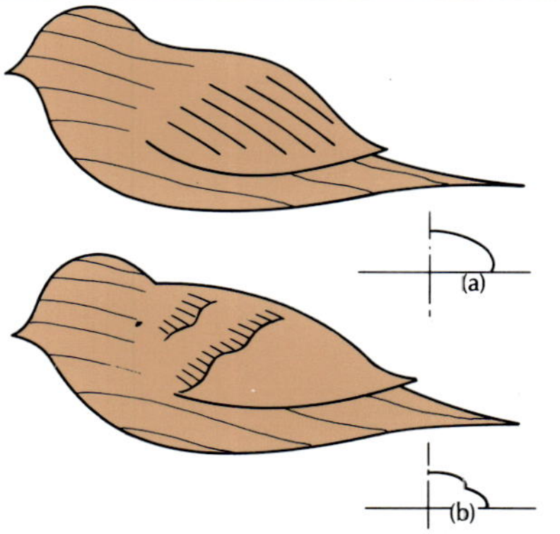

11

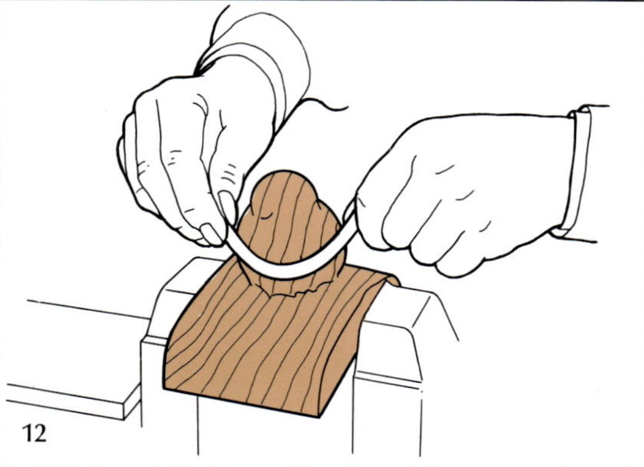
12

Für die abschließende Behandlung der Oberfläche brauchen Sie ein Hohleisen Nr. 3, Riffler-Feilen mit feinem Hieb und Schleifpapier, Körnung 150 und dann Körnung 250. Für das Glätten kann man das Schleifpapier in schmale Streifen schneiden. Zwischendurch nehmen Sie eine Ziehklinge zum Glätten in Faserrichtung. Das Bild der Oberfläche muß aus allen Blickwinkeln einen gleichen Eindruck erwecken und darf keine Kratzer oder ausgerissene Stellen aufweisen. Dann wird der Sockel geglättet. Wo Vogelkörper und Sockel zusammentreffen, arbeiten Sie mit dem runden Ziereisen Nr. 11 nach, das der Nahtstelle ein gefälligeres Aussehen verleiht als das Balleisen.

Der Kopf des Vogels wird mit Schleifpapier Körnung 500 geglättet, und dann werden die Augen angezeichnet. Sie können die Augen mit einem kleinen Hohleisen Nr. 9 gestalten, das mit seiner halbkreisförmigen Schneide zum Schnitzen eines Kreises gut geeignet ist, und dann das Auge mit einem kleinen Hohleisen Nr. 3 rund formen. Der Kreis läßt sich auch mit dem angeschärften Ende eines Röhrchens einschneiden. Sie können die Augen auch als leichte Höhlungen mit dem Ziereisen Nr. 11 oder mit einem Bohrer andeuten. Manchmal werden auch kleine schwarze Perlen als Augen eingesetzt, aber das sieht gekünstelt aus.

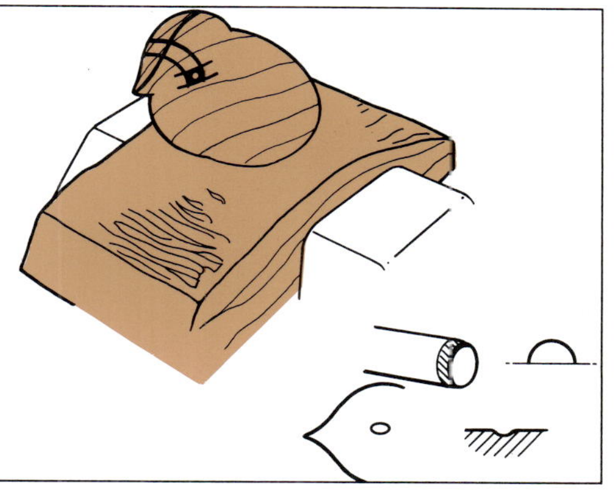

13

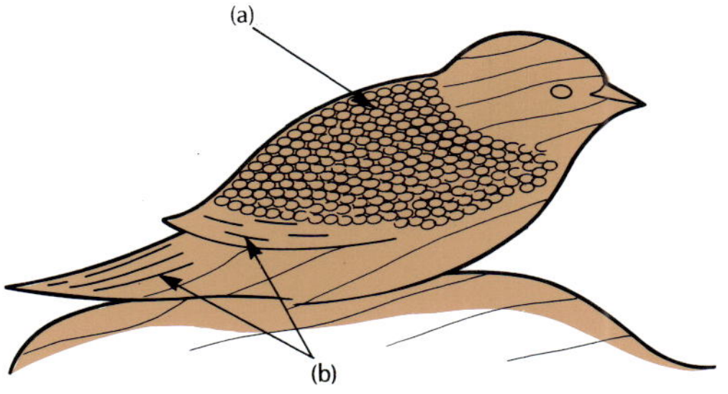

14

Da ganz glattes Lindenholz relativ langweilig wirkt, sich aber gut zum Strukturieren eignet, sollten Sie den Vogelkörper ganz leicht mit einem sehr scharfen Hohleisen Nr. 3 überarbeiten (a). Anschließend müssen Sie ihn dann mit Schleifpapier Körnung 500 glätten. Mit einem Geißfuß können Sie an den Flügelenden und am Schwanz einzelne Linien andeuten (b).

Bislang hat der Sockel noch die Form eines Rechtkants. Sie sollten ihm nun einen unregelmäßigen Umriß an einer Bandsäge oder mit einer Kopiersäge geben. Als Kontrast zum Vogel beschnitzen Sie die Sockeloberfläche in Form eines Flachreliefs mit Blättern. Als Alternativen bieten sich die grobe Strukturierung mit einem Hohleisen Nr. 5 oder kreuzweise mit dem Ziereisen Nr. 11 geschnitzte Rillen an.

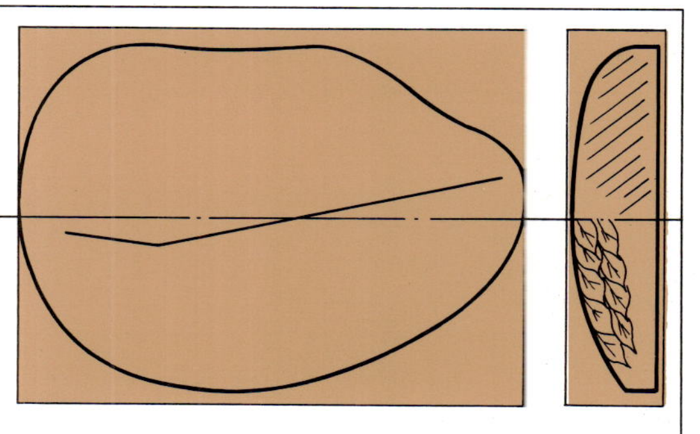

15

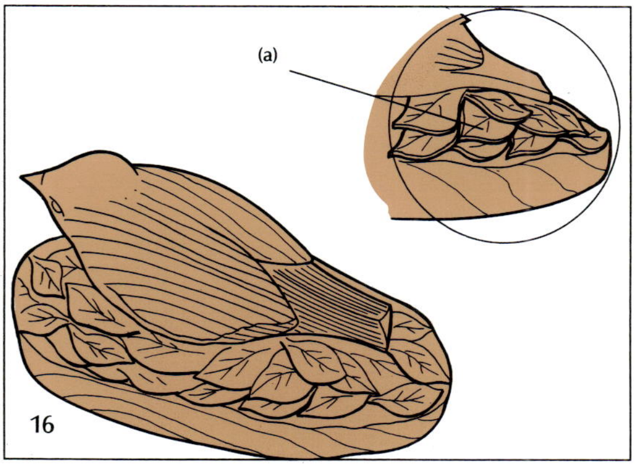

16

Es ist wichtig, daß die Blätter unregelmäßig angeordnet werden. Mit dem Ziereisen Nr. 11 legen Sie die Blattumrisse fest und arbeiten dazwischenliegendes Holz ab. Bei den Blättern sollten auch unterschiedliche Ebenen angedeutet werden (a). Sie sollten die Stelle am Werkstück öfters wechseln; schnitzen Sie etwa 5 Blätter und wenden Sie sich dann einer anderen Stelle zu. Sie vermeiden dadurch, daß die Schnitzerei ein einförmiges Aussehen bekommt. Jedes Blatt wird leicht hohl gearbeitet, und die Blattnerven werden mit dem Ziereisen Nr. 11 oder durch ganz leichte Schnitte mit einem Geißfuß angedeutet.

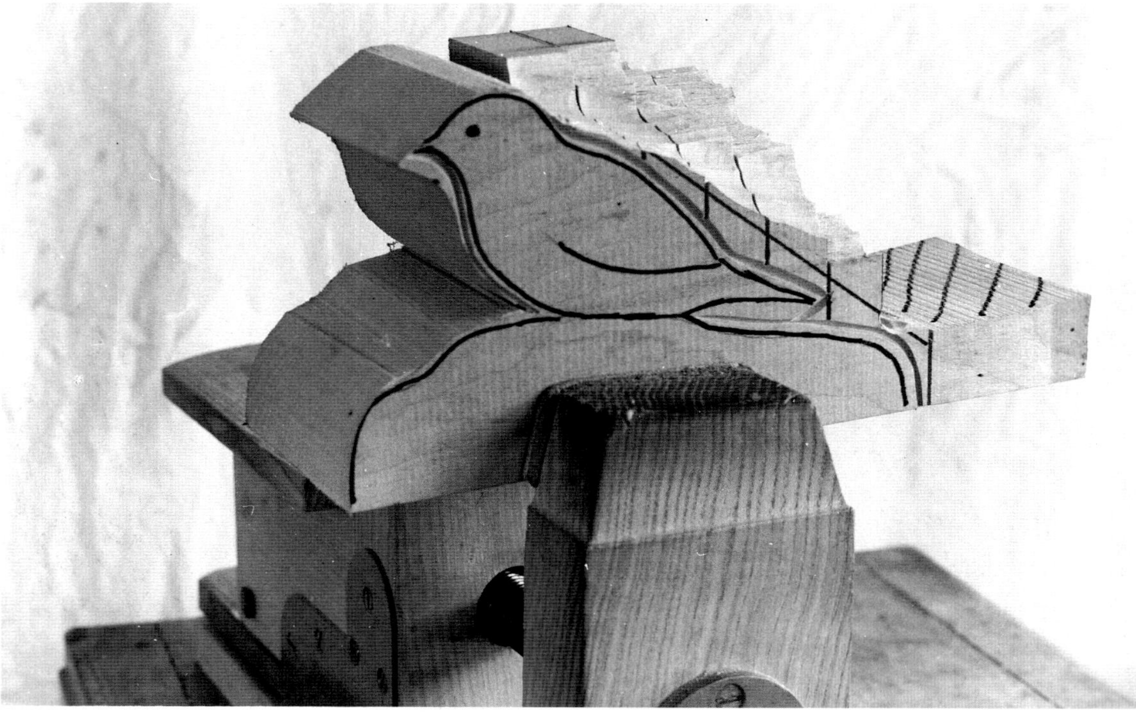

Wegarbeiten des Abfalls

Fertige Skulptur

Fink auf Blättern

Auf der Abbildung oben können Sie erkennen, wie links der Abfall mit der Bandsäge weggeschnitten wurde – auch eine Kopiersäge hätte dazu benutzt werden können. Rechts wurden zunächst senkrechte Schnitte mit einer Säge angebracht und dann der Abfall mit einem Hohleisen Nr. 9 entfernt. Das überstehende Holz unten rechts am Sockel kann zum Einspannen dienen.
Das linke Foto zeigt die fertige Skulptur. Beachten Sie die leichten Bearbeitungsspuren auf dem Vogelkörper.
Die Blätter stellen einen ausreichenden Kontrast dar, um den Vogel optisch von seinem Sockel zu trennen.
Die Oberfläche wurde nur mit farblosem Wachs eingerieben, da das Holz von Natur aus schon leicht bräunlich war. Vor dem Wachsauftrag wurde die Skulptur noch einmal mit abgenutztem Schleifpapier Körnung 500 leicht überarbeitet.

Kätzchen, Pitch pine

Kätzchen

Dieses Foto zeigt, wie die kräftige Maserung einbezogen wurde, um die Formen zu betonen.
Als Holz wurde ein Stück Pitch pine verwendet, das von einem 150 Jahre alten Balken stammte.

Sehen Sie sich an, wie die Form mit all ihren Kurven gestaltet worden ist. Die Holzmaserung folgt deutlich den erhabenen und den vertieften Partien.
Die Skulptur wurde glatt gelassen, da Bearbeitungsspuren von dem ausdrucksvollen Holzbild abgelenkt hätten. Das harzreiche Holz wurde nur mit Öl eingelassen.

Sitzende

Der Entwurf sah eine ruhige, sitzende Figur vor. Als Holz wurde wilder Kirschbaum gewählt, dessen dunkle Maserung sich gut eignet, um das Aussehen von Stoff anzudeuten.
Sehen Sie, wie das Haar mit dem Ziereisen Nr. 11 strukturiert ist. Abgesehen davon wurden Details auf ein Minimum beschränkt. So verschwinden z. B. die Arme in dem über dem Schoß liegenden Stoff, ohne daß die Hände angedeutet sind.
Bei dieser Art von Schnitzerei ist es wichtig, daß man die Figur nur in groben Zügen auffaßt und den Ausdruck mehr durch fließende Linien erzeugt als dadurch, daß man sich in Details verliert.
Das Bild von Ruhe und Gelassenheit zusammen mit der Maserung und der Farbe des Holzes verlangte eine glatte Oberfläche. Die Schnitzerei wurde mit Teak-Öl eingelassen.
Insgesamt ist diese Skulptur ein typisches Beispiel für die Gestaltung mit fließenden Linien, wie sie auch im Kapitel über das Entwerfen beschrieben worden ist.

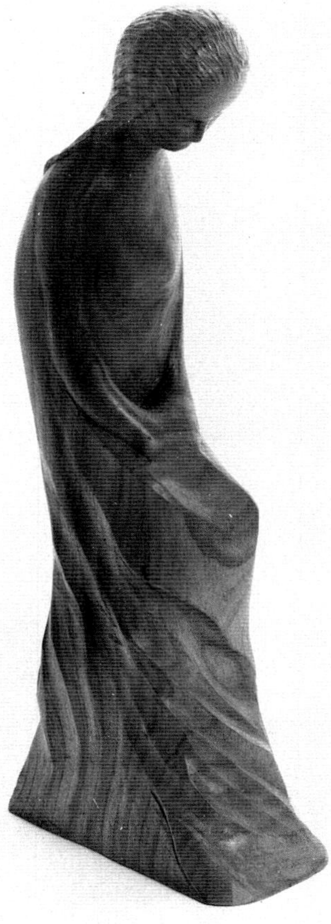

Sitzende

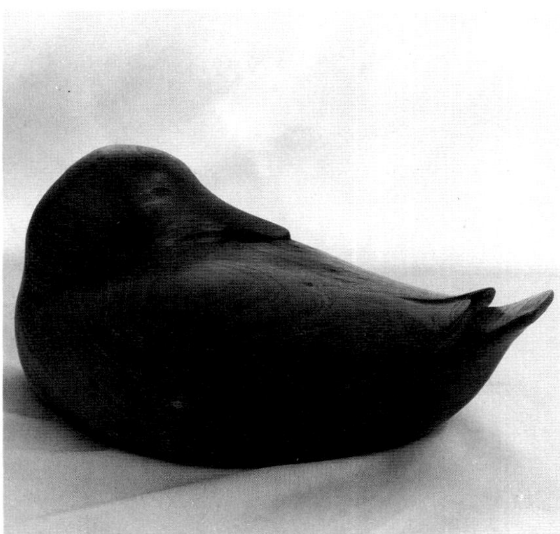

Schlafende Ente

Schlafende Ente

Rüster mit den Maßen: 230 x 125 x 140 mm.
Die Figur wurde zunächst nach der Draufsicht geformt, dann wurde die Stellung von Kopf und Schnabel festgelegt, diese grob vorgearbeitet und schließlich auf endgültige Form gebracht.
Die ausdrucksvolle Holzmaserung verlangte eine glatte Oberfläche.
Die Skulptur wurde geölt und später gewachst.

Seevogel

Diese Skulptur aus Lindenholz soll einen Seevogel, wie etwa einen Baßtölpel darstellen.
Da Lindenholz relativ ausdruckslos ist, wurden verschiedene Bearbeitungsspuren zur Gestaltung herangezogen. Nur der Schnabel wurde glatt gelassen. Mit unterschiedlichen Hohleisen wurde der Kontrast zwischen Vogel und Sockel betont. Kräftige Schnitte mit einem Geißfuß sollen die Kraft der Schwingen betonen, sie folgen zum Teil der Form des Körpers.
Nach dem Schnitzen wurde die Skulptur leicht mit Schleifpapier Körnung 500 geglättet. Sie wurde anschließend mit verdünntem Schellack eingelassen und mit abgenutztem Schleifpapier Körnung 500 wiederum geglättet. Rückstände von Schellack wurden mit Alkohol entfernt, danach folgte ein Auftrag von naturfarbener Wachspolitur.

Seevogel

Watender Vogel

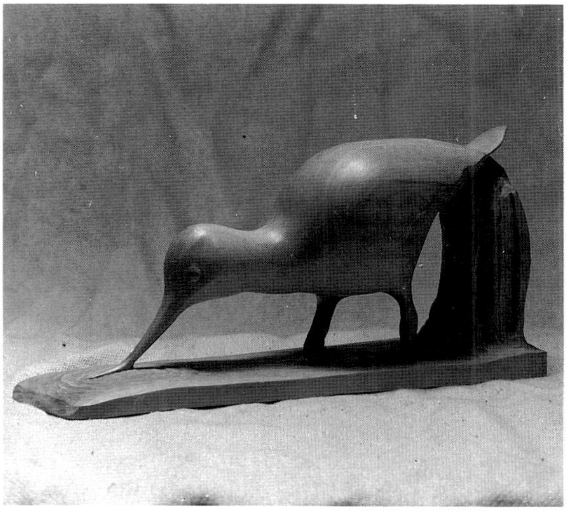

Watender Vogel

Skulpturen mit dünnen Partien werden am besten in Lindenholz ausgeführt, da es nicht so leicht bricht.

Skulpturen von Vögeln mit ihren Beinen, besonders von den langbeinigen, watenden, sind von der Festigkeit her ein Problem. Die Beine müssen dünn sein, um natürlich zu wirken, daher sind sie sehr schwach. Hier wurde das Problem dadurch gelöst, daß der Vogel beim Waten dargestellt wurde – typisch für Säbelschnäbler -, so daß nur der obere Teil der Beine zu sehen ist.
Hinten wurde der stützende Block belassen, aber seine Oberfläche steht im Kontrast zu dem glatten Vogelkörper. Angedeutete Rillen auf dem Grundbrett deuten fließendes Wasser an.
Die Skulptur wurde mit Schellack und farblosem Wachs behandelt. Maße: 305 x 100 x 140 mm.

Fisch

Fisch

Bei Fischen bereitet es oft Schwierigkeiten, den Eindruck von Lebendigkeit zu erwecken, wenn die Skulptur mit einem Sockel versehen wird, da er ablenkend wirkt.
Um das zu vermeiden, wurden hier die Brustflossen während des Schnitzens solange erheblich größer gelassen, bis der Schwerpunkt der Skulptur feststand und sie auf dem Tisch ausbalanziert werden konnte. Erst dann erhielten sie ihre endgültige Form.
Die Zeichnung mit der Seitenansicht ist so aufgepaust worden, daß die Holzmaserung diagonal verläuft. Das Holz ist Pitch pine von einem alten Balken. Durch entsprechendes Ausrichten der Zeichnung beim Durchpausen wurde die Holzmaserung optimal genutzt.
Die Oberfläche wurde glatt gelassen. Erstaunlicherweise enthielt das mehr als 100 Jahre alte Holz noch relativ viel Harz, deshalb wurde vor dem Wachsen nur einmal mit verdünntem Polyurethan-Mattlack eingelassen.

Henne

Henne

Diese Skulptur aus Walnuß hat die Abmessungen von 150 x 150 x 112 mm.
Sie ist ein Beispiel dafür, wie man den Entwurf mit nur wenigen typischen Einzelheiten dieses Tieres gestalten kann. Sie wurde zum Teil auch in Anlehnung an frühe mexikanische Skulpturen entworfen.
Der Schwanz wurde mit kräftigen Schnitten mit dem Geißfuß strukturiert und die übrige Oberfläche mit Bearbeitungsspuren vom Hohleisen Nr. 3 versehen. Für ausreichende Standfestigkeit erhielt die Skulptur einen niedrigen, rechteckigen Sockel.
Walnuß eignet sich gut zum abschließenden Ölen. Nacheinander wurden drei Aufträge von Danish Oil vorgenommen. Nach den ersten beiden wurde mit feiner Stahlwolle abgerieben. Stahlwolle ebnet im Gegensatz zu Schleifpapier die Kanten bei der Struktur nicht ein.

Grünspecht

Grünsprecht

Diese Skulptur aus Walnuß hat die Abmessungen 460 x 360 x 100 mm.

Die Skulptur wurde in diesem Fall aus zwei Stücken zusammengesetzt, da das Holz recht teuer ist. Als erstes wurde aus dem Holzblock ein Stück für den Vogel und die Zweige zurechtgeschnitten, dann der Sockel aus einem dabei angefallenen Abschnitt. Der Vogel hält seinen Kopf gewendet mit dem Schnabel auf dem Rücken, so daß einem versehentlichen Abbrechen vorgebeugt ist.

Das Schnitzen der sich überlappenden, krummen Zweige kann anfangs Schwierigkeiten bereiten. Es wird leichter, wenn man für den Anriß Kreide oder Filzschreiber in zwei Farben benutzt. Dann kann man eher erkennen, wie die Zweige sich krümmen und wo die Überlappungen sind. Man muß sie zunächst mit reichlich Aufmaß schnitzen.

Die fertige Skulptur wurde mit Dübeln und Leim auf dem Sockel befestigt. Die Position für die Bohrungen wurde folgendermaßen ermittelt: Zuerst wurden Löcher in die Auflagestellen der Zweige gebohrt, dann kleine Drahtstifte mit abgekniffenem Kopf in diese Löcher gesteckt und die Zweige in ihrer gewünschten Stellung auf den Sockel gedrückt. Die Markierungen von den Drahtstiften gaben die genaue Lage der Bohrungsmitten für die Dübellöcher an. Die Oberflächenbehandlung erfolgte mit Danish Oil.

Eule

Eule

Diese Skulptur aus Eibenholz ist rund 400 mm hoch.

Beim Schnitzen eines Vogels mit ausgebreiteten Flügeln ist die Faserrichtung des Holzes immer kritisch. Damit die Flügel möglichst stabil sind, sollte die Holzfaser in ihrer Längsrichtung laufen. Wenn man den Rohling aus einer Bohle sägt, ist das vermutlich kaum zu realisieren, gut geeignet wäre dagegen ein Holzabschnitt von einer Astgabel.

Dafür müßten die Äste aber gleichstark sein, sonst würden die Flügel mißgestaltet herauskommen. Der Rohling muß in diesem Fall sehr viel größer sein als die fertige Skulptur, sonst lassen sich die aerodynamischen Proportionen der Flügel nicht herausarbeiten.

Da die fertige Arbeit dann aber immer noch weitgehend ein Stammstück darstellt, können Trocknungsrisse auftreten. Wenn man den Körper der Eule schräg zur Markröhre anlegt, läßt sich diese Gefahr etwas vermindern.

(Schritt 1–8) Schnitzt man aufrecht stehende Skulpturen überwiegend nach den Seitenansichten, kann es Probleme geben. Es könnte sein, daß die fertige Figur von den Seiten betrachtet die gewünschte Form hat, von vorn jedoch irgendwie nicht richtig aussieht. Prüfen Sie daher beim Schnitzen von Zeit zu Zeit die Figur auch von vorn kritisch daraufhin.

1

2

Umfangreiche Formgebung muß auch in der Frontansicht erfolgen. Die groben Umrisse können nach der aufgepausten Zeichnung geschnitzt werden, auch die Übergänge können schon verrundet werden. Nicht empfehlenswert wäre es aber, die Form des Körpers weitgehend zu bearbeiten, ehe der Kopf mit seinen Details festgelegt ist, selbstverständlich noch mit entsprechendem Aufmaß.

Köpfe haben generell Kugelform und diese Form muß zunächst beim Schnitzen angestrebt werden (a). Häufig wird die Rundung unterschätzt, und das führt zu einem viel zu flachen Kopf (b).

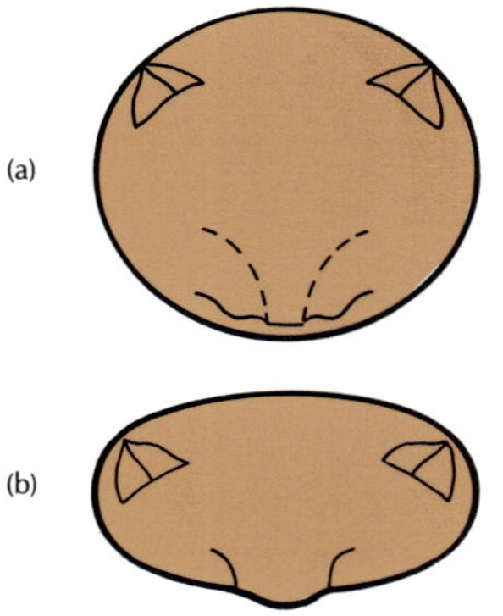

3

4

Legen Sie zuerst die Nasenspitze fest (a). Sie steht als einziger Gesichtsteil am weitesten vor (mit Ausnahme vielleicht vom Kinn bei menschlichen Skulpturen). Allgemein ausgedrückt, Sie sollen diejenige Einzelheit festlegen, die am weitesten vorsteht. Dafür sind in dieser Phase nur leichte Schnitte mit einem Hohleisen nötig.

Anschließend können Sie relativ leicht die Linie von der Nase zu den Augen mit einem Geißfuß markieren. Zeichnen Sie die Mitte als Hilfslinie an (a) und achten Sie darauf, daß die Markierungen auf der Abfallseite erfolgen. Es ist ratsam, noch etwas Aufmaß als Spielraum zu lassen.

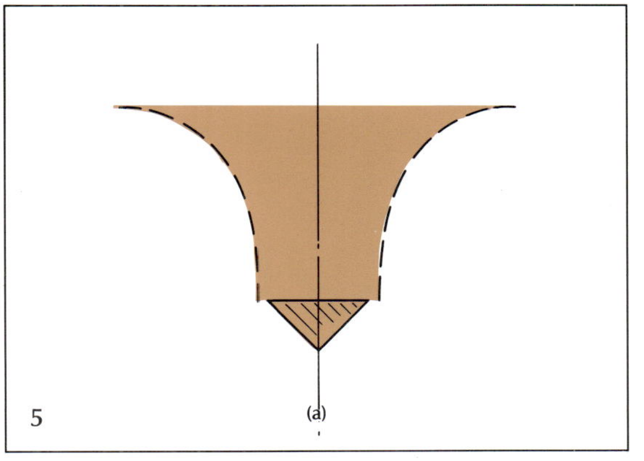

5

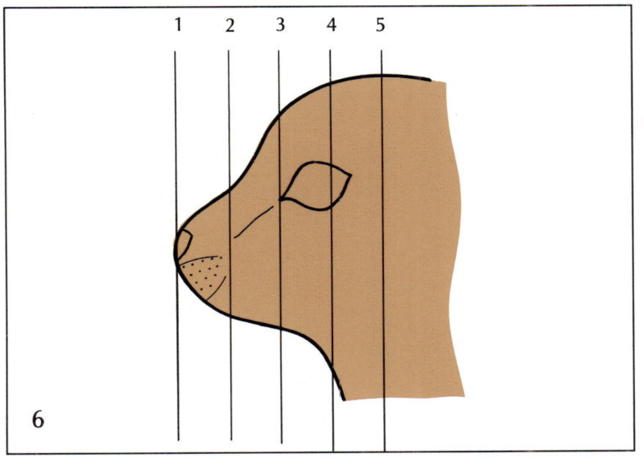

6

Es sollte Ihnen dann möglich sein, sich die übrigen Konturen des Katzengesichts in den verschiedenen Ebenen vorzustellen. Planen Sie das mit großer Sorgfalt. Wenn Sie ohne einen genauen Plan übereifrig darangehen, passieren Ihnen Fehler.

Wenn Sie von der am weitesten vorspringenden Partie aus – in diesem Fall der Nase – nach hinten schnitzen, müssen Sie die Kugelform des Kopfes im Auge behalten und vermeiden, ihn flach werden zu lassen. Die Mittellinie ist auch auf dieser Abbildung eingezeichnet (a).

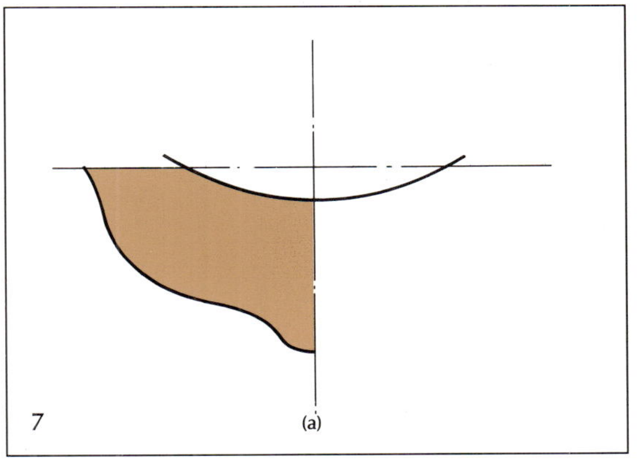

7

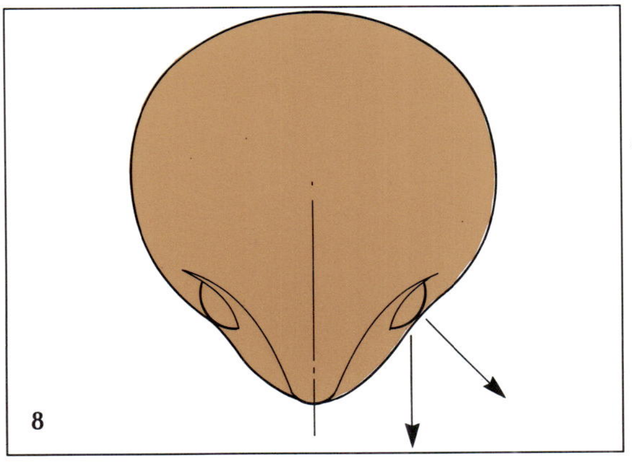

8

Denken Sie daran, daß die Augen nicht starr geradeaus gucken. Sie sitzen entsprechend der Krümmung der runden Kopfform auf einer Kugeloberfläche. Kurz gesagt das Blickfeld der Augen ist sowohl nach vorn als auch zur Seite gerichtet.

(Schritt 1–8) Zum Schnitzen einer liegenden Figur, eines Tieres, eines Menschen oder von etwas anderem, muß man sich zuerst nach der Draufsicht richten, d. h. nach der Größe der Grundfläche, etwa von einem schlafenden, zusammengerollten Tier. Würden Sie um den Körper des schlafenden Tieres eine Linie ziehen, dann wäre dies der Umriß der Grundfläche, ungefähr wie auf der Abbildung, mit dem Kopf bei (a) und dem Schwanz bei (b).

1

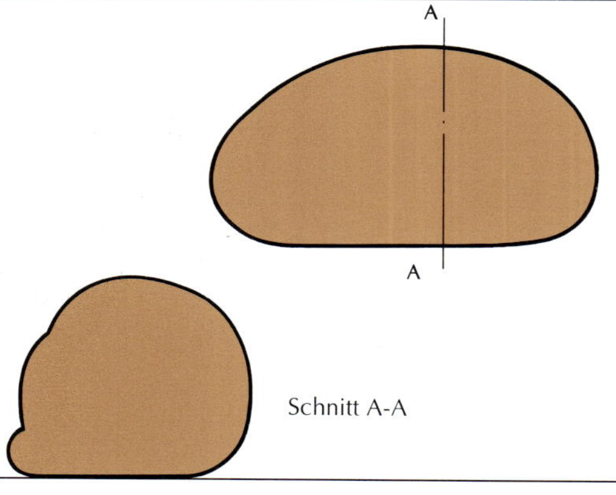

2

Anschließend zeichnen Sie die Seitenansicht und einen Schnitt (A–A) von der höchsten Stelle. Anhand der drei Zeichnungen können Sie die Größe des Rohlings ermitteln.

Sägen Sie den Rohling entsprechend dem Umriß der Draufsicht zu. Lassen Sie überall genügend Aufmaß stehen, denn in diesem Stadium ist es noch schwer, sich die genaue Form der Figur vorzustellen.

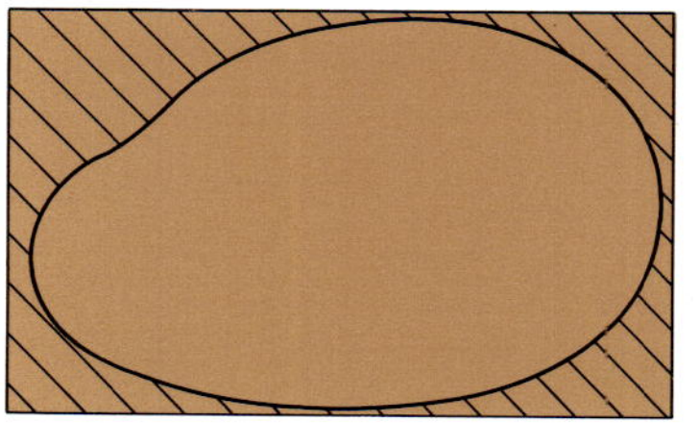

3

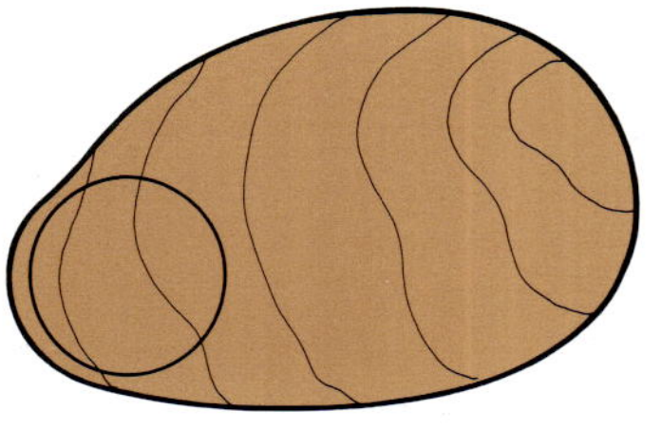

4

Überlegen Sie sich, wie groß der Kopf im Verhältnis zum Körper sein muß und zeichnen Sie ihn auf den Rohling. Am besten nehmen Sie dazu weiße Kreide, die sich leicht wieder abwischen läßt, wenn Sie die Form ändern wollen. Kalkulieren Sie ein, daß der Kopf vielleicht gedreht ist. Den endgültigen Entwurf ziehen Sie mit einem Filzschreiber nach.

Zeichnen Sie auf der Draufsicht die Stellen ein, wo die Ohren (a), die Nase (b), der Schwanz (c), das hintere Bein (d) und das vordere Bein (e) ansetzen. Es wird Ihnen anfangs vielleicht schwer fallen, die Form eines Körpers auf die Zeichnungsebene zu projizieren, konzentrieren Sie sich deshalb nur auf das Wichtigste – Arme, Beine, Kopf usw. Die Form eines Tieres ist dabei meist einfacher zu erfassen als die eines Menschen.

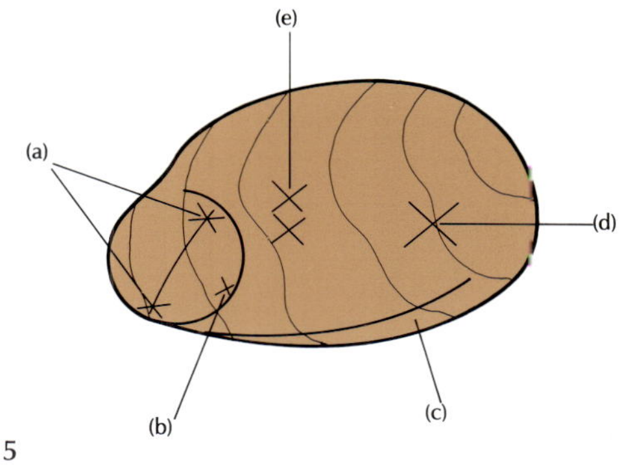

5

Damit Sie das überflüssige Holz wegarbeiten können, müssen Sie den Rohling nach der Draufsicht anreißen. Am besten nehmen Sie dazu farbige Kreide. Sie brauchen mindestens drei Farben für Höhe, Breite und Länge. Reißen Sie den Kopf zuerst an. Legen Sie die ungefähre Stelle für die Nase fest, dann die anderen hauptsächlichen Gesichtsmerkmale wie Ohren, Stirn usw. Schneiden Sie die Hauptlinien mit einem Geißfuß ein.

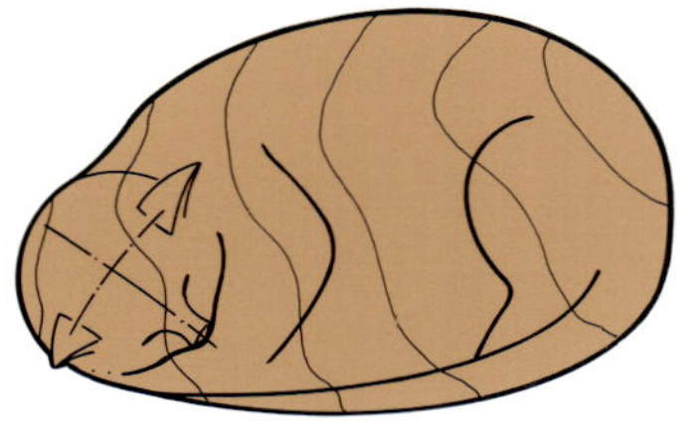
6

Entfernen Sie den Abfall soweit wie möglich mit vorsichtigen Sägeschnitten (a). Passen Sie auf, daß Sie nicht zuviel wegsägen. Arbeiten Sie Flächen entsprechend den Hauptgliedmaßen heraus. Dafür genügt oft schon eine geringfügige Formgebung mit einem Hohleisen Nr. 4 oder Nr. 5. Es ist entscheidend, daß die Skulptur in diesem Stadium immer noch mit reichlich Aufmaß versehen ist.

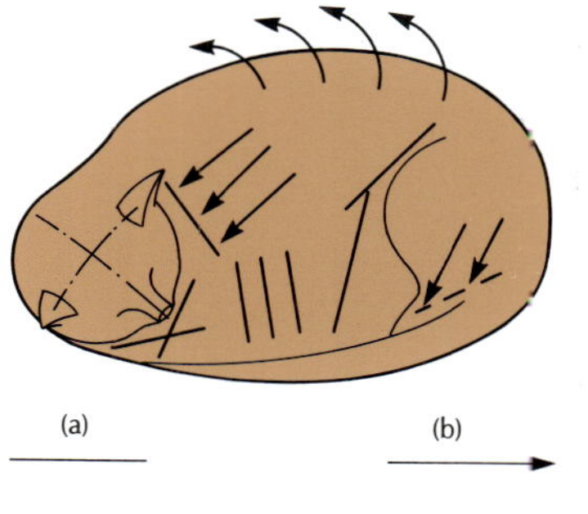

7

Schnitzen Sie dann mit entsprechenden Hohleisen die Flächen zu gerundeten Formen. Beginnen Sie mit dem Kopf und arbeiten Sie die Ohren und die Nase heraus. Bearbeiten Sie die gesamte Skulptur, damit sie ein gleichmäßiges Aussehen bekommt.

8

Finken auf Zweigen

Finken auf Zweigen

Diese Schnitzerei aus Lindenholz ist 350 mm lang und 130 mm hoch und breit.
Die meisten frei- oder auf einem Sockel stehenden Skulpturen stellen nur einen einzelnen Gegenstand dar. Dabei kann es sich um einen Vogel, ein anderes Tier oder eine menschliche Figur handeln.
Eine komplizierte Schnitzerei mit mehr als einer Figur stellt eine interessante Aufgabe dar, weil sie ein ausgeprägtes räumliches Vorstellungsvermögen voraussetzt.

Beim Betrachten der obigen Fotographie werden Sie erkennen, daß die Schnitzerei aus vier Teilen aufgebaut ist: zwei Vögeln, dem mittleren Detail und den tragenden Zweigen. Um das Ganze interessanter zu gestalten, sind die Vögel schräg zur Längsachse der Schnitzerei angeordnet und sitzen außerdem verschieden hoch.
Die niedrige Lage des Mittelstücks verstärkt die räumliche Wirkung. Die beiden Vögel bilden den Hauptgegenstand, Blätter und Zweige dagegen sind zweitrangig. Zu viele Details würden vom Hauptgegenstand nur ablenken.

Wenn Sie versuchen, eine Schnitzerei durch ein komplexes Arrangement interessanter zu gestalten, ist das gar nicht so schwierig, wie Sie vielleicht meinen. Sind erst einmal die Hauptteile festgelegt, ergibt sich der Rest fast von selbst und macht auch keine Schwierigkeiten, wenn nur genug Holz dafür vorgesehen ist. Legen Sie die Position der Hauptelemente in der Seitenansicht fest.

1

2

Entwerfen Sie danach die Draufsicht und kennzeichnen Sie die einzelnen Teile, die Vögel, das Mittelstück und die Zweige mit farbiger Kreide.

Achten Sie besonders darauf, daß Ihr Rohling – am besten aus Lindenholz – hoch genug für die Einzelteile auf den unterschiedlichen Ebenen ist. Die fertige Schnitzerei darf nicht zu flach wirken. Es ist zweckmäßig, den Rohling zum Spannen an jedem Ende länger zu lassen (a). Übertragen Sie die Position und Winkelstellung der beiden Vögel direkt auf den Rohling.

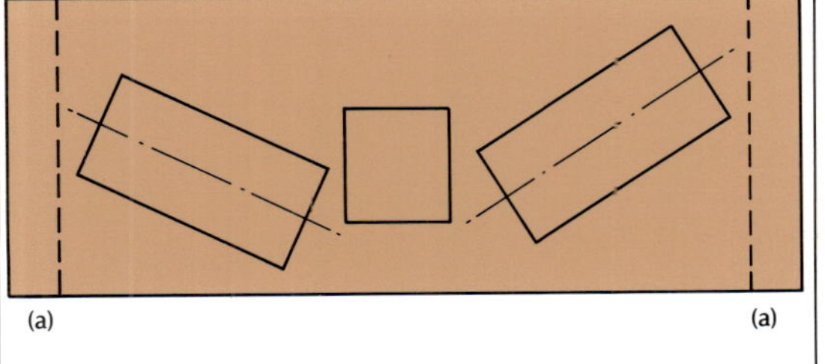

3

4

Arbeiten Sie das Holz um die beiden Vögel herum soweit weg, daß zwei rechtkantige Blöcke stehen bleiben. Gehen Sie nicht zu tief, sonst bekommen Sie später Schwierigkeiten mit dem Schnitzen der Zweige. Formen Sie die Vögel mit Hohleisen und Kopiersäge grob vor. Wenn sie Gestalt annehmen, zeichnen Sie mit farbiger Kreide oder Filzstift das Mittelstück und die Zweige auf. Fangen Sie mit der Formgebung bei den Zweigen an, ehe die Vögel ganz fertig sind, damit ein einheitliches Bild entsteht.

(Schritt 1–8) Bei allen Schnitzereien, Relief oder Skulptur gleichermaßen, kann die Bedeutung der richtigen Fertigbearbeitung nicht genug betont werden. Dabei erhält die Oberfläche nicht nur eine gewisse Gleichmäßigkeit, sondern auch einen greifbaren Seidenglanz, den man mit Freude betrachten und befühlen wird. Die Art der Fertigbearbeitung muß sich aber nach dem Gegenstand und der Holzart richten.

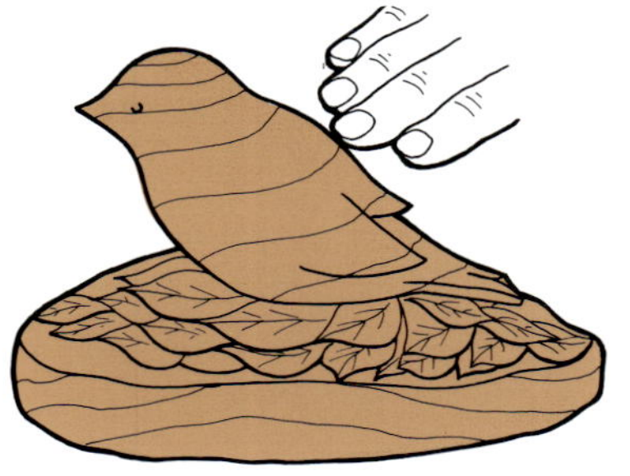

1

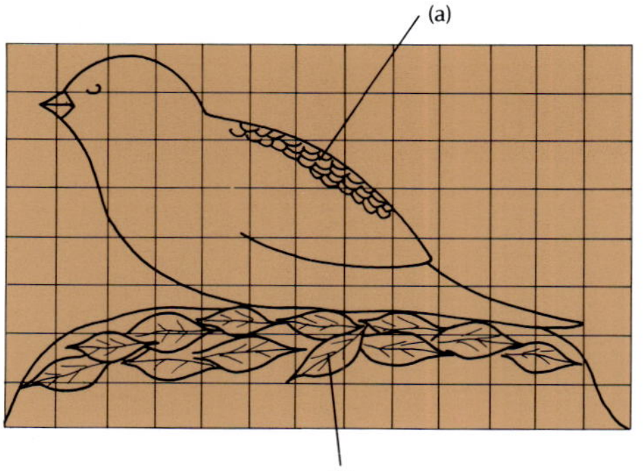

2

Erledigen Sie die Fertigbearbeitung nicht im Eiltempo. Sie kann mitunter ebensolange dauern wie das Schnitzen der Form selbst. Eine vielgestaltige Skulptur erfordert vielleicht ganz glatte Oberflächen. Denken Sie darüber schon nach, während Sie noch beim Schnitzen der Form sind. Sehen Sie sich hier die Oberflächenstruktur auf dem Rücken (a) und auf den Blättern am Sockel (b), an.

Der Zeitaufwand für die Fertigbearbeitung hängt direkt von der Schärfe der Werkzeuge ab. Wenn Sie mit scharfen Hohleisen gleichmäßig geschnitzt haben, brauchen Sie zum Schlichten der Oberfläche nur dünne Späne abzuheben (a). Schlecht gepflegte und stumpfe Hohleisen hinterlassen Rauhigkeiten und Risse auf der Oberfläche (b), und man muß viel Nacharbeit mit Raspel und Schleifpapier aufwenden.

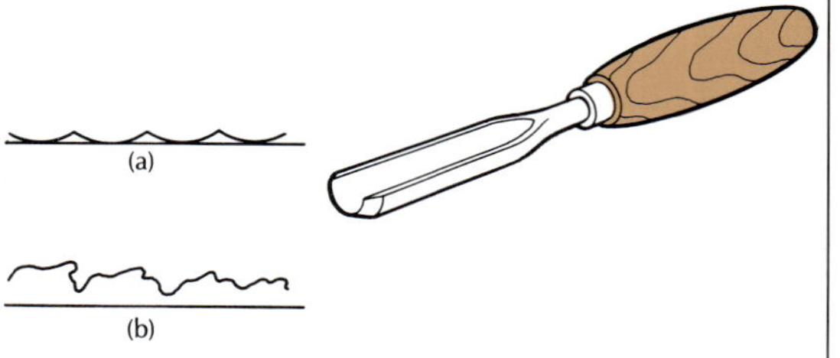

3

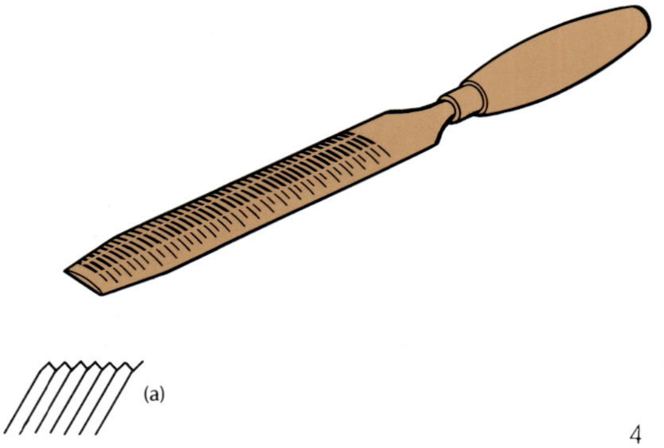

4

Wenn man zu stark raspelt, leidet die obere Holzschicht, da auch tiefer liegende Holzfasern in Mitleidenschaft gezogen werden. Auf einer polierten Oberfläche ist das deutlich zu sehen (a). Es zeigen sich dann oft helle Stellen, die durch Schleifen nur schwer zu entfernen sind. Man kann es einer Arbeit ansehen, ob sie übermäßig mit der Raspel bearbeitet wurde, leider ist das oft bei Arbeiten von Anfängern der Fall. Je mehr Erfahrung Sie beim tatsächlichen Schneiden mit den Werkzeugen sammeln, desto besser wird die Oberfläche Ihrer Arbeit gelingen.

Unebenheiten auf einer noch nicht polierten Oberfläche kann man oft nicht sehen, wohl aber fühlen. In diesem Fall erkennen wir mit unserem Tastsinn mehr als mit den Augen. Es ist erstaunlich, wie selbst winzige Unebenheiten oder ein überflüssiges Aufmaß mit den Fingerspitzen wahrgenommen werden können.

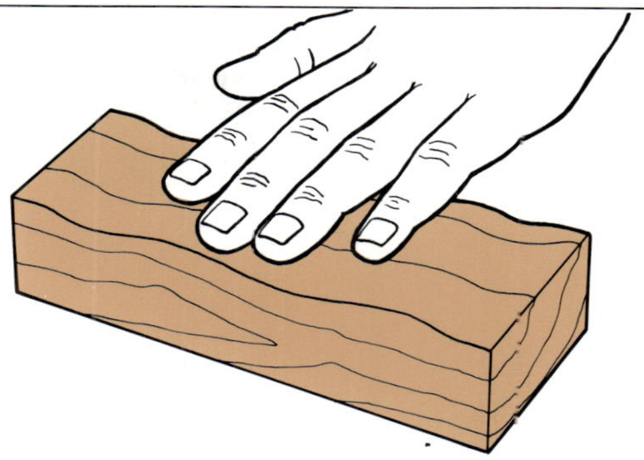
5

Sehen Sie sich Ihre Arbeit in Ruhe an und tasten Sie die Oberfläche ab. Kennzeichnen Sie alle Stellen, die eine Nacharbeit erfordern, mit Kreide. Begutachten Sie Ihre Schnitzerei bei Tageslicht wie auch bei Lampenlicht. Lassen Sie sich jedoch nicht zu umfangreichen Änderungen verleiten, dafür könnte nicht mehr genug Holz vorhanden sein.

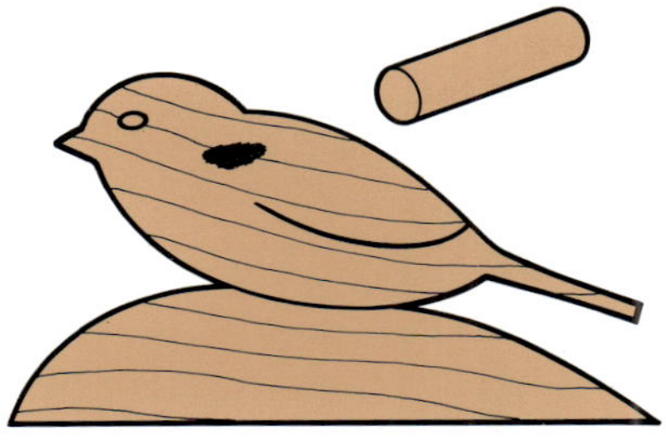
6

Wägen Sie die Harmonie zwischen Holzmaserung und dem Effekt der von Ihnen strukturierten Oberflächen sorgfältig ab. Wenn Sie sich schon die Arbeit gemacht haben, von Hand zu schnitzen anstatt Elektroschleifer zu benutzen, warum sollten dann nicht die Bearbeitungsspuren deutlich zu sehen sein? Ist die Oberfläche mit einem scharfen Hohleisen Nr. 3 wellenförmig beschnitzt, dann kann das sehr ansprechend sein – besonders bei Reliefs.

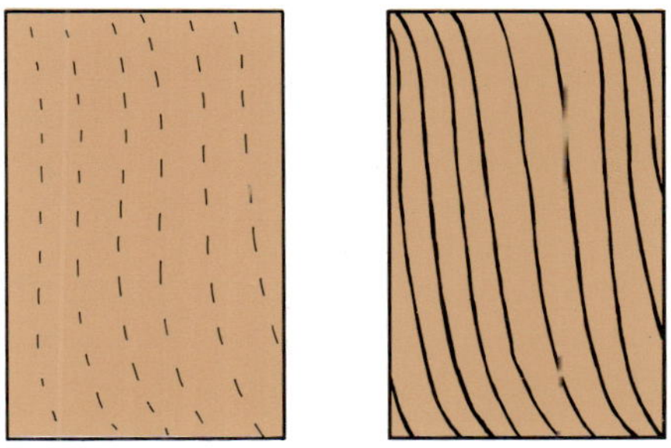
7

Die Wirkung des reflektierenden Lichts ist entscheidend. Bei einer Schnitzerei mit Hochglanz wird jeder kleinste Fehler im Holz deutlich auffallen, ebenso wie Nachlässigkeiten bei der Fertigbearbeitung. Eine glatte Oberfläche muß völlig einwandfrei sein. Bei einer Oberfläche mit Bearbeitungsspuren ist das nicht so kritisch, da jeder Schnitt wie eine Facette wirkt und das Licht jeweils in einem anderen Winkel reflektiert wird – ähnlich wie bei einem Diamanten. Alle Schnitzereien gewinnen durch eine Seidenglanz-Oberfläche mehr als durch Hochglanz, gleichgültig ob die Oberfläche glatt oder strukturiert ist.

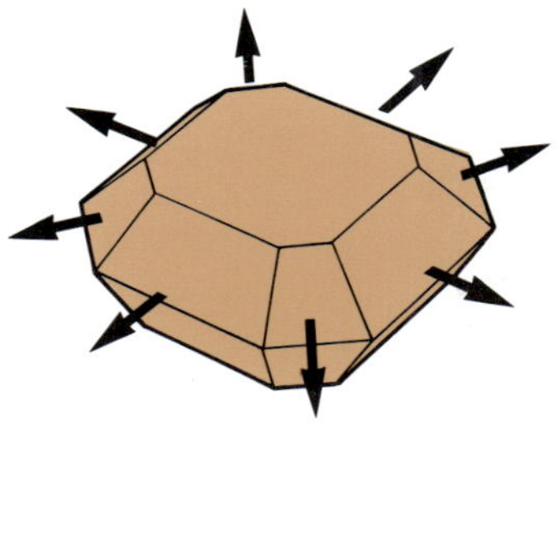
8

(Schritt 1–8) Ehe mit dem Schleifen oder Strukturieren begonnen werden kann, muß die Oberfläche gleichförmig sein und darf keine Höcker oder Löcher aufweisen. Benutzen Sie keine Raspel, sondern Ihre Stechbeitel, ein Hohleisen Nr. 3 (a) oder ein Balleisen Nr. 1 für konvexe Partien. Die Oberfläche wird besser und die Schlußbehandlung fällt leichter. Ausgestellte Stecheisen lassen Ihnen am meisten freie Sicht (b).

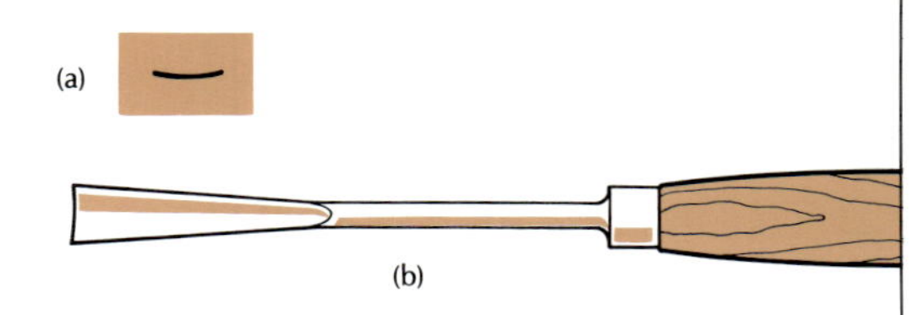

1

Berücksichtigen Sie die Faserrichtung im Holz. Arbeiten Sie mit der Faser, um eine glatte Oberfläche zu erhalten. Führen Sie das Hohleisen leicht im Bogen (a); damit beherrschen Sie den Schnitt besser als mit geradlinigem Vorschub. Halten Sie mit der Hand an der Klinge gegen, um den Druck Ihrer anderen Hand am Heft zu dosieren. Lassen Sie die hintere Fase auf dem Holz gleiten und heben Sie das Heft nur wenig an. Dann gräbt sich das Hohleisen nicht zu tief ein und Sie machen leichte Schälschnitte.

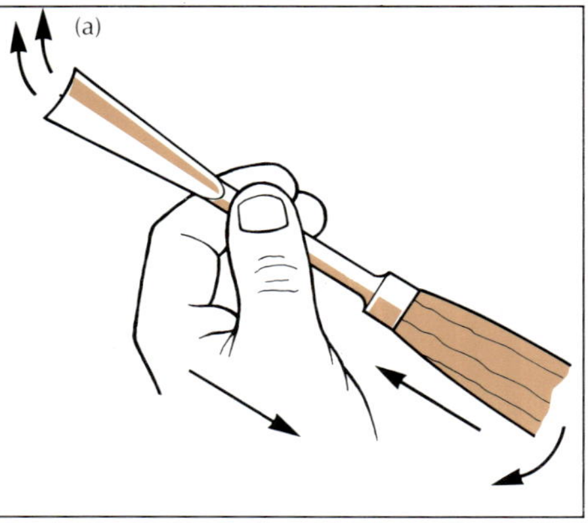

2

Einige Stellen lassen sich vielleicht nicht mit Stecheisen bearbeiten, z. B. bei ausgeprägtem Wechseldrehwuchs oder in engen Vertiefungen. Dort muß man dann Raspeln oder Riffler-Feilen mit mittlerem oder feinem Hieb benutzen. Dadurch werden die Holzfasern in Mitleidenschaft gezogen (a) und diese Stellen sind später zu sehen. Das trifft ganz besonders für Hirnholz zu, bei dem einzelne Holzfasern ausreißen oder Kratzer nicht mehr verschwinden können. Feilen und Riffler mit Schlichthieb geben noch die besten Resultate.

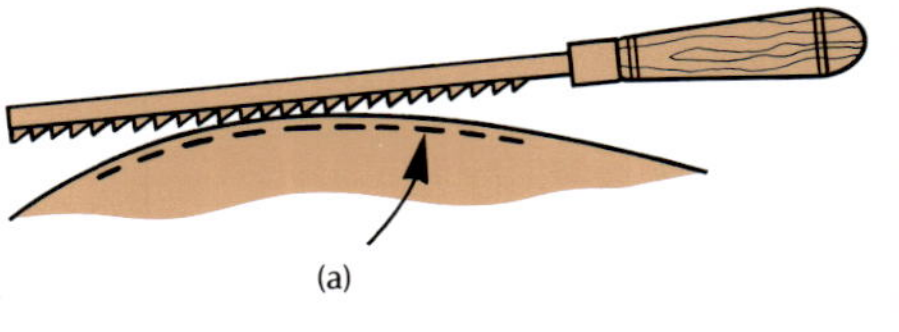

3

Durch kräftiges Raspeln gegen die Faserrichtung reißt das Holz aus und tiefgehende Risse entstehen. Aufgerauhte Stellen sind schwer zu entdecken, aber gut zu fühlen. Solche Stellen müssen nachgeschnitten und die umgebende Fläche angeglichen werden. Ausgerissene Stellen kann man meist nicht durch Schleifen beseitigen. Bei starker Rissigkeit muß vielleicht sogar mit Holzkitt ausgebessert werden, aber erst nach dem Einlassen, sonst markieren sich helle Stellen wo der Leim eingedrungen ist, und diese bleiben auch nach dem Polieren auffällig.

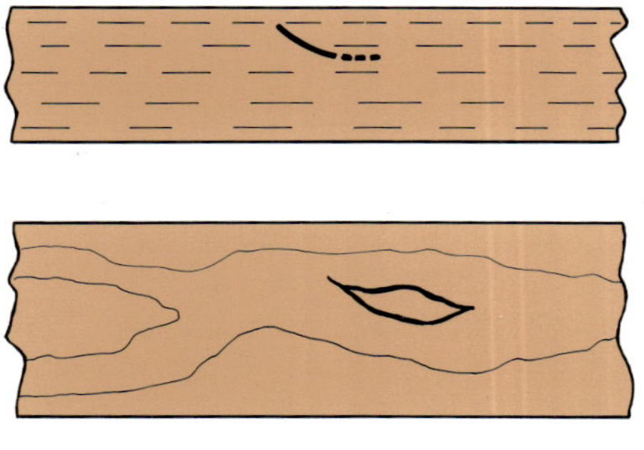
4

Der nächste Arbeitsgang ist das Bearbeiten der Oberfläche mit einer Ziehklinge. Dabei werden feine Späne abgehoben. Führen Sie den Arbeitsgang grundsätzlich vor dem Schleifen aus; wenn Sie mit sehr grobem Schleifpapier noch Formen herausarbeiten, danach. Ziehklingen bestehen aus vergütetem Stahl. Am vielseitigsten verwendbar sind die hohle Form (a) und der Schwanenhals (b). Kleine Ziehklingen kann man sich aus vergütetem Stahl, z. B. aus alten Metallsägeblättern, anfertigen. Auch Bruchstücke von Fensterglas sind brauchbar.

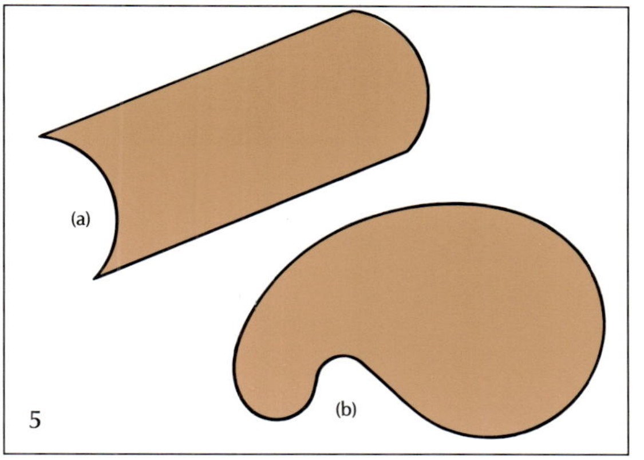

5

Die Ziehklinge schneidet mit ihrem Grat, der an einer Kante aufgeworfen worden ist. Der Grat ähnelt demjenigen, der beim Schärfen von Hohleisen entsteht. Man kann mit der Ziehklinge am besten arbeiten, wenn man sie mit den Daumen in der Mitte ein wenig durchdrückt. Arbeiten Sie von sich weg und neigen Sie die Ziehklinge leicht vornüber, so daß der Grat schneidet (a).

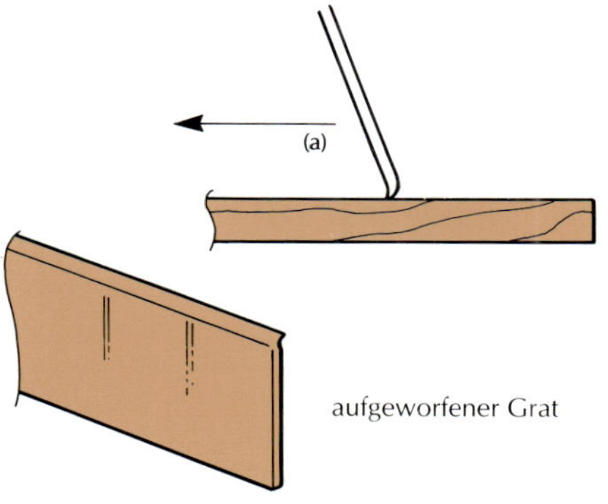

6

Beim Ansetzen der Ziehklinge sollten Sie nur wenig Druck nach unten ausüben, damit keine Riefen entstehen. Verstärken Sie den Druck während Sie die Klinge vorwärts bewegen, und verringern Sie ihn wieder am Ende der Bewegung (a). Arbeiten Sie in Richtung der Holzfasern oder ganz leicht im Winkel dazu. Drücken Sie die Ziehklinge mit den Daumen etwas durch (b). Arbeiten Sie mit der Faser um die Oberfläche zu glätten, nicht gegen sie (c).

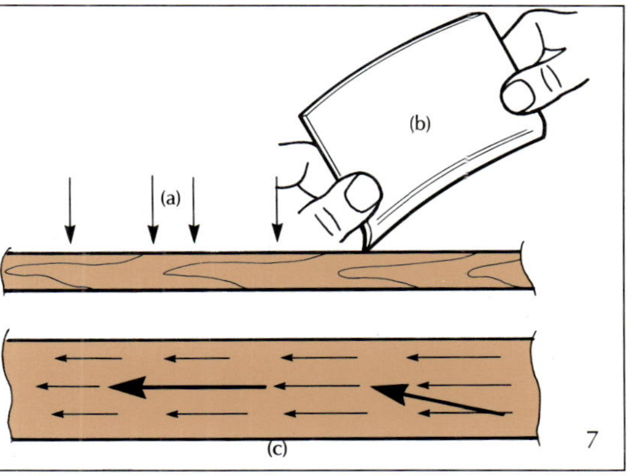

7

Bei Holzarten mit sehr unterschiedlicher Festigkeit zwischen Früh- und Spätholz, z. B. Kiefer, ist das Glätten mit der Ziehklinge äußerst schwierig, da die abwechselnd harten und weichen Bereiche der Jahresringe leicht dazu führen können, daß die Oberfläche wellig wird. Es darf nur mit ganz leichtem Druck gearbeitet werden. Bei besonders unterschiedlicher Festigkeit kann das Bearbeiten mit der Ziehklinge sogar völlig unmöglich sein.

8

Die Ziehklinge ist ein wichtiges Werkzeug, deshalb sollten Sie sie stets scharf halten. Der Grat wird mit dem Rücken eines Hohleisens aufgeworfen, besser aber mit einem speziellen Ziehklingenstahl. Dieser Stahl ist glashart gehärtet, hat eine polierte Oberfläche und kann im Querschnitt kantig oder rund sein, je nachdem, welche Form von Ziehklinge damit behandelt werden soll. Er sieht ähnlich wie ein Stahl zum Schärfen von Messern aus.

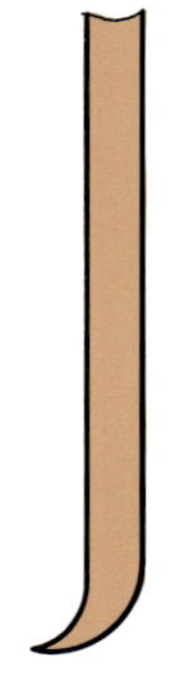

1

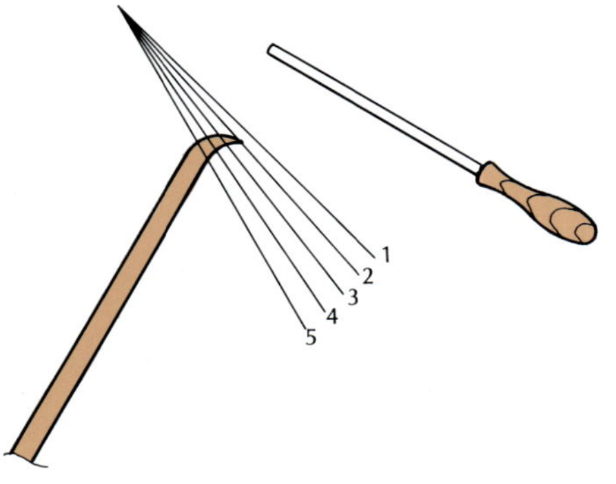

2

Der mit einem Tropfen Öl benetzte Ziehklingenstahl wird unter mäßigem Druck die Kante der Ziehklinge entlang und gleichzeitig von ihr weg gezogen. Bei jedem Nachschärfen wird der Neigungswinkel etwas vergrößert.

Nach vier- oder fünfmaligem Nachschärfen steht der Grat so steil, daß man mit der Ziehklinge nicht mehr vernünftig arbeiten kann. Sie muß dann neu gerichtet werden. Der Grat wird völlig entfernt und die Kante rechtwinklig zu den Flächen abgerichtet. Um den Grat zu entfernen, wird die Ziehklinge flach auf einem Ölstein abgezogen.

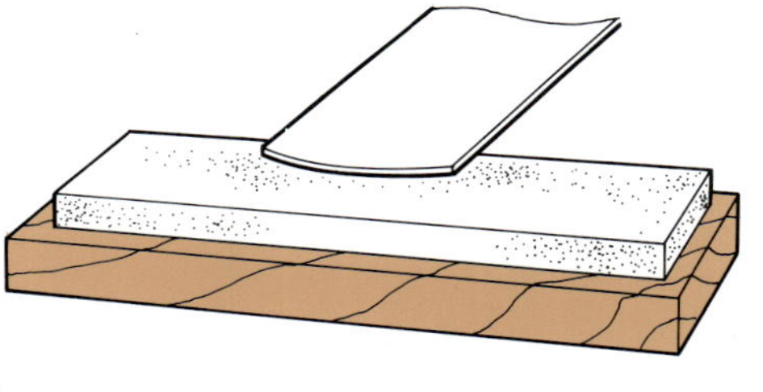

3

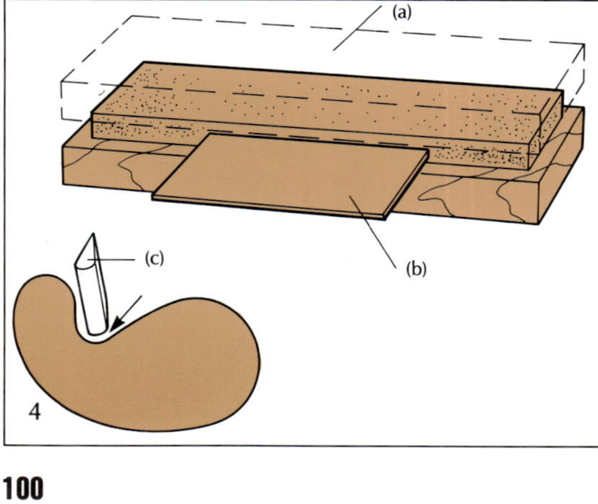

4

Um die Kante der Ziehklinge an der Seite eines Ölsteins rechtwinklig abzurichten, setzen Sie den Deckel auf den Holzkasten, in dem der Ölstein aufbewahrt wird. Zwischen Unterteil und Deckel kann die Ziehklinge dann genau rechtwinklig zum Ölstein geführt werden (a). Sie brauchen die Ziehklinge nur zwischen die beiden Kastenteile zu stecken (b). Selbstverständlich müssen Sie wie bei jedem Abziehen einen Tropfen Öl auf den Stein geben. Bewegen Sie die Ziehklinge zum Abrichten auf der Seite des Ölsteins ein paarmal hin und her. Bei der Schwanenhals-Ziehklinge müssen Sie die konkave Partie mit einem Formstein abrichten (c). Spannen Sie anschließend die Ziehklinge ein und werfen Sie den neuen Grat auf.

Anstelle einer Ziehklinge aus Stahl können auch Reste von Fensterglas benutzt werden. Solche Reste kann man meist bei einem Glaser oder in einem Bilderrahmengeschäft bekommen. Zu große Reststücke legen Sie zwischen dicke Lagen von Zeitungspapier und zerkleinern sie, indem Sie mit einem Holzhammer draufklopfen. Tragen Sie eine Schutzbrille und Schutzhandschuhe, wenn Sie mit Glas arbeiten. Bruchstücke von Glas haben gewöhnlich eine rauhe Bruchkante und können daher keine ganz so glatte Oberfläche liefern wie eine Ziehklinge.

1

Nehmen Sie eine Bürste mit Messingborsten, wie sie für die Pflege von Wildlederschuhen üblich ist, um Holzstaub aus Feilen und Rifflern herauszubürsten, damit beschädigen Sie die Feilenzähne nicht. Bürsten Sie quer, also in Richtung des Feilenhiebs. Reinigen Sie Ihre Feilen regelmäßig, damit sie sich nicht zusetzen. Eine saubere Rifflerfeile greift besser an, und die Sorte mit feinem Hieb liefert so auch eine glattere Oberfläche, die weniger Arbeit mit der Ziehklinge erfordert.

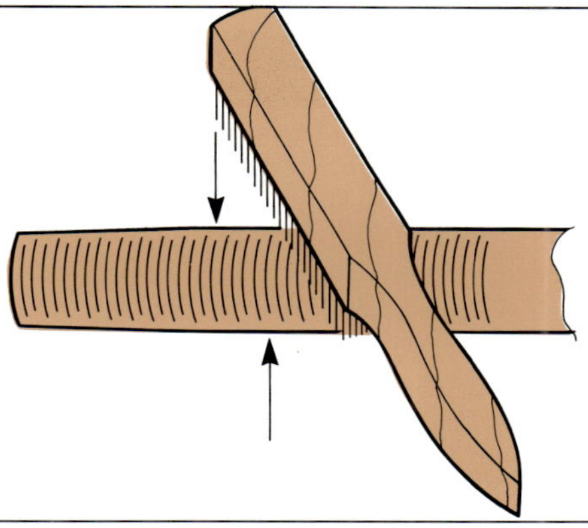
2

Ehe Sie die Fertigbearbeitung an einer Schnitzerei beginnen, sollten Sie die Standfläche abrichten. Die Schnitzerei kann nicht so leicht wackeln, wenn die Standfläche in der Mitte freigearbeitet ist (a). Es genügt schon, wenn Sie sie mit der Schwanenhals-Ziehklinge etwas hohl arbeiten. Wenn Sie die Schnitzarbeit dazu einspannen, sollten Sie Schaumstoff oder ein Schwammtuch zwischenlegen, um Druckstellen zu vermeiden.

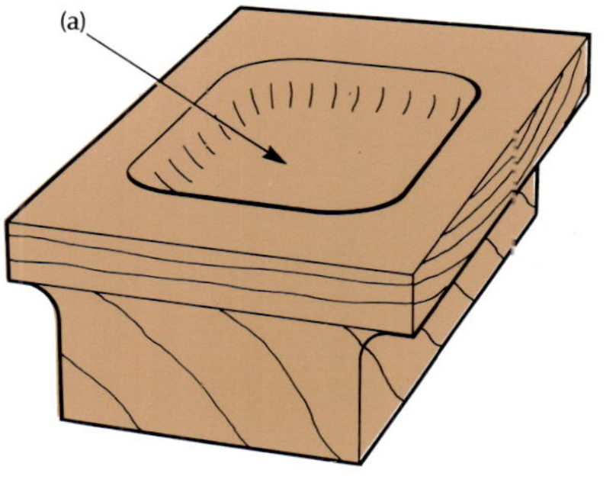

3

Der als Standfläche vorgesehene Rand um die Vertiefung in der Mitte herum kann dann abgerichtet werden. Stellen Sie die Schnitzerei auf einen Bogen Schleifpapier (a), und schleifen Sie die Standfläche völlig eben. Achten Sie darauf, daß Sie die Schnitzerei nicht verkanten. Besser als untergeklebter Filz macht eine solche Standfläche auch einen fachmännischen Eindruck.

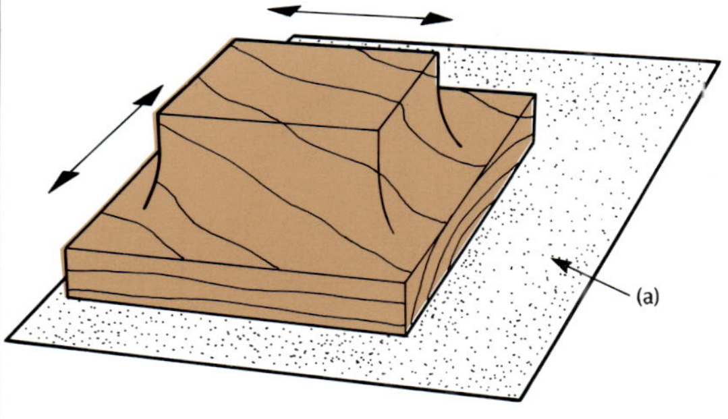

4

Für die Holzbearbeitung werden üblicherweise folgende Schleifpapiersorten angeboten: Korund (Al2O3), Granat (Almandin Fe3Al2Si3O12) und Silizium-Karbid (SiC). Es gibt sie alle in verschiedenen Körnungen. Je höher die Körnungsbezeichnung, desto feiner ist das Schleifpapier. Im allgemeinen braucht man folgende Körnungen: 150 (grob), 250 (mittel), 500 (fein) und für besonders feine Arbeiten 1000 (sehr fein).
Am besten eignen sich möglichst biegsame Schleifpapiere. Die Sorten mit steifem Papier oder kräftigem Textil sind gut zur groben Formgebung zu gebrauchen, können aber beim Schleifen von Vertiefungen Schwierigkeiten bereiten.
Alle Schleifpapiere tragen Holz dadurch ab, daß jedes Korn ein kleines Teilchen von der Fläche abtrennt. Die Summierung dieser Vorgänge glättet das Holz. Bei groben Körnungen werden die Holzfasern in Mitleidenschaft gezogen. Dies führt besonders bei Hirnholzflächen zu einem stumpfen Aussehen.
Normales Sandpapier sollte möglichst nicht benutzt werden. Es wird rasch stumpf, setzt sich leicht mit Holzstaub zu und hat oft eine uneinheitliche Körnung.

Schleifpapiere für Naß- und Trockenschliff haben ein relativ steifes Trägermaterial und sind beim Trockenschliff nicht besser als die Sorten mit Granat- oder Silizium-Karbid-Schleifkorn. Die feineren Körnungen können aber beim Einlassen mit Öl gute Dienste leisten. Schleifpapiere sollten Sie in guten Fachgeschäften kaufen, die eine entsprechende Auswahl der Sorten und Körnungen führen und außerdem auch zusammengestellte Sortimente im Versand liefern.
Jeder Holzbildhauer hat seine eigene Methode für die Fertigbearbeitung einer Schnitzerei, aber in einem sind sich alle einig: je sorgfältiger und mit ganz scharfen Stechbeiteln geschnitzt worden ist, desto weniger Zeit braucht man zum Schleifen.
Auch wenn sie nicht zum Schleifpapier zählt, so soll noch ein Wort über die Stahlwolle verloren werden. Sie wirkt mehr glättend als abtragend und liefert zusammen mit einem Einlaßöl eine sehr glatte Oberfläche.
Auf dem Gebiet der Schleifpapiere hat sich sehr viel getan seit den Tagen, als man noch Haifischhaut zum Schleifen verwendete.

Schleifpapiersorten

Korund Gewöhnlich dunkelrot, es gibt aber auch andere Farbtönungen. Wird auf Schleifmaschinen, z. B. Bandschleifern, verwendet. Greift gut an und nutzt sich nicht so rasch ab. Körnung 80 und 100 können zum Formgeben benutzt werden. Das Trägermaterial, Textil oder festes Papier, ist nicht besonders biegsam.

Granat Von braun-oranger Farbe. Schleift sehr gut, setzt sich nicht zu und hält lange vor. Trägermaterial sehr biegsam. Lieferbar in fast allen Körnungen.

Silizium-Karbid Farbe hellgrau. Ist für den letzten Schliff mit Körnung 500 oder feiner ideal. Sehr biegsam.

Naß-/Trockenschliff Farbe dunkelgrau. Lieferbar bis zu der sehr brauchbaren Körnung 1000. Besitzt steifes Trägermaterial.

Schleifpapiere gibt es in vielen Sorten

Viele Holzbildhauer benutzen Schleifklötze. Dadurch wird der Schleifdruck gleichmäßig verteilt, und es gibt keine Riefen. Hält man nämlich, besonders bei weicheren Holzarten oder solchen mit harten und weichen Jahresringpartien, das Schleifpapier nur mit den Fingern, dann kann die Oberfläche wellig werden. Manchmal braucht man auch einige größere Schleifklötze. Fertige Schleifklötze aus Kork kann man kaufen, oder man macht sich welche aus Abfallholz, das man mit Kork oder weichem Leder belegt.

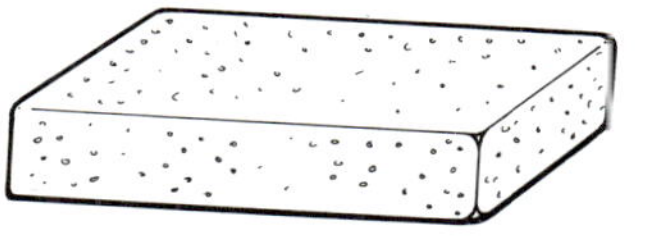

1 Schleifklotz aus Kork

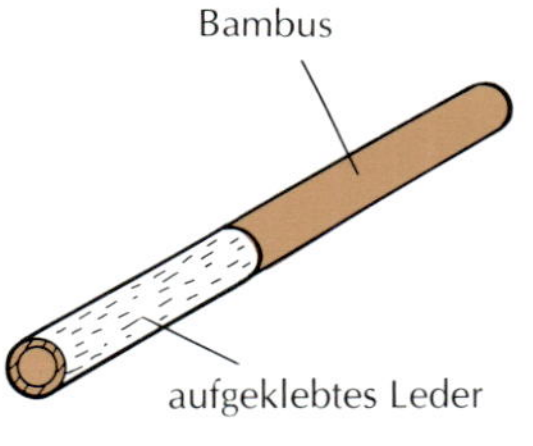

2

Kleine entsprechend zugerichtete Stücke Bambusrohr mit Lederüberzug zur Druckverteilung sind sehr gut brauchbar. Ebenso können kurze Längen von Dübelholz in verschiedenen Durchmessern benutzt werden.

Beinahe jedes Stück Abfallholz kann für diesen Zweck genutzt werden. Je mehr verschiedene Formen Sie zum Umwickeln mit Schleifpapier haben, deso besser.

3

4

Einige dünne Bambusenden sollten Sie an einem Ende anspitzen. Damit können sie auch in Ecken hineinreichen. Ohne umgewickeltes Sandpapier können Sie mit der Spitze eingeritzte Linien oder Hinterschnitte druckpolieren.

Fertigbearbeitung – Schleifen

Mit dem Schleifen sollten Sie erst beginnen, wenn Sie mit den Stechbeiteln keine weitere Verbesserung mehr erreichen können. Auch sollten Sie vor dem Schleifen immer eine Ziehklinge benutzen (a). Besonders wichtig ist dies bei Hirnholz, das mit einer Raspel bearbeitet wurde. Die Arbeit mit der Ziehklinge stellt ja noch ein Schneiden dar, und Sie können unsaubere Stellen damit viel rascher glätten als mit Schleifpapier und erreichen gleichzeitig eine bessere Oberfläche.

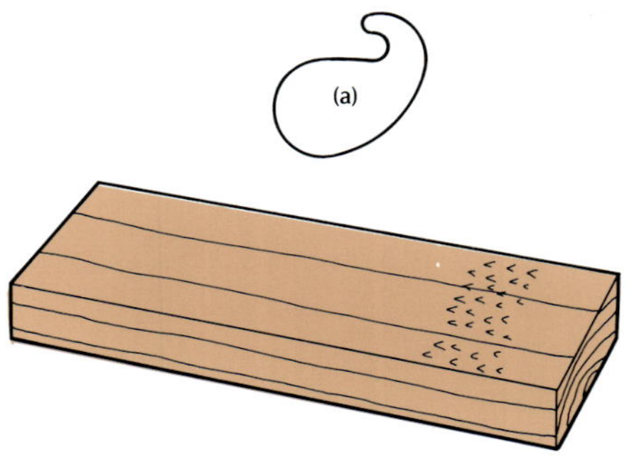

1

Beim Schleifen mit verschiedenen Körnungen müssen Sie darauf achten, daß Sie immer die ganze Oberfläche gleichmäßig bearbeiten. Rauhe Stellen sollten gleich zu Anfang mit Schleifpapier Körnung 150 beseitigt werden (a), versuchen Sie nicht, sie mit den feineren Körnungen zu glätten. Um ein gutes Ergebnis zu erreichen, sind Zeit und Mühe notwendig. Es gibt keine Patentlösung.

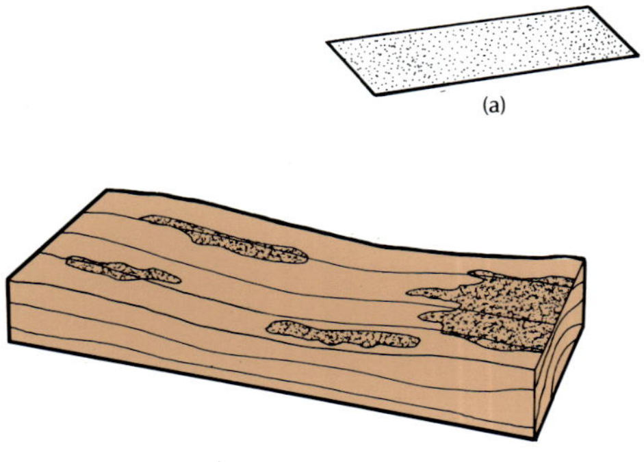

2

Wenn Sie für die Fertigbearbeitung ebensoviel Zeit veranschlagen wie für das Schnitzen, liegen Sie vollkommen richtig. Später, wenn Sie beim Schnitzen erst Erfahrung gesammelt haben, muß die Zeit für die Fertigbearbeitung nicht so lang sein. Bis Sie soweit sind, dürfen Sie auf keinen Fall die letzten Arbeitsgänge nur oberflächlich erledigen und darauf hoffen, daß der Wachsüberzug Unsauberkeiten verdecken wird – er tut es nämlich nicht.

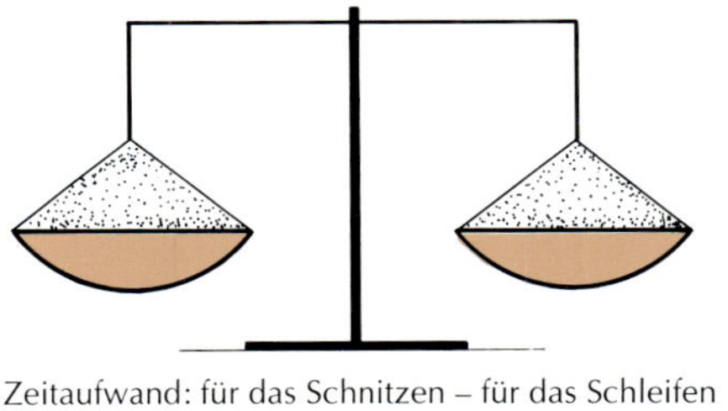

Zeitaufwand: für das Schnitzen – für das Schleifen

3

Fangen Sie mit der Körnung 150 an. Schleifen Sie die Oberfläche der Schnitzerei stets in Richtung der Holzfasern. Bürsten Sie den Schleifstaub mit einer sauberen, trockenen Bürste ab und begutachten Sie die Oberfläche bei Tageslicht. Das Licht von Leuchtstofflampen wirft keine Schatten und bringt deshalb auch Unsauberkeiten nicht deutlich hervor. Sind Sie mit dem Ergebnis zufrieden, gehen Sie zur nächstfeineren Körnung über und sehen sich die Ergebnisse jedesmal kritisch an. Abschließend müssen Sie vielleicht die Holzporen mit Einlaßgrund schließen (siehe das nächste Kapitel).

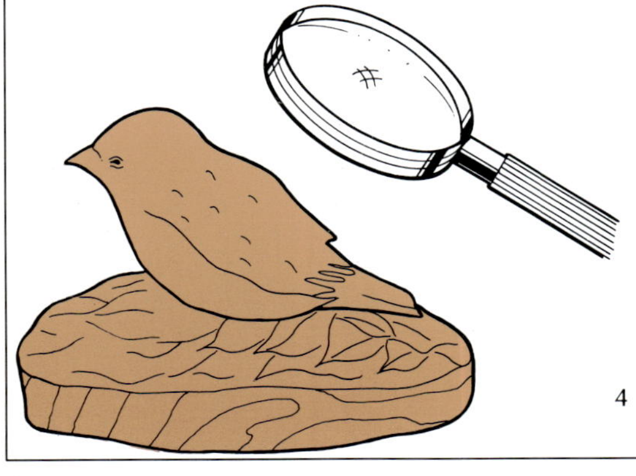

4

Benutzen Sie Ihr Schleifpapier immer in Streifen, nicht gefaltet. Schneiden Sie die Streifen mit einer Schere ab oder reißen Sie sie entlang eines Stahllineals, damit sie nicht eine ausgefranste Kante bekommen, die leicht zu Kratzern führen kann. Frische Streifen ziehen Sie am besten erst einige Male mit der Rückseite über die Kante Ihrer Werkbank, so werden sie flexibler.

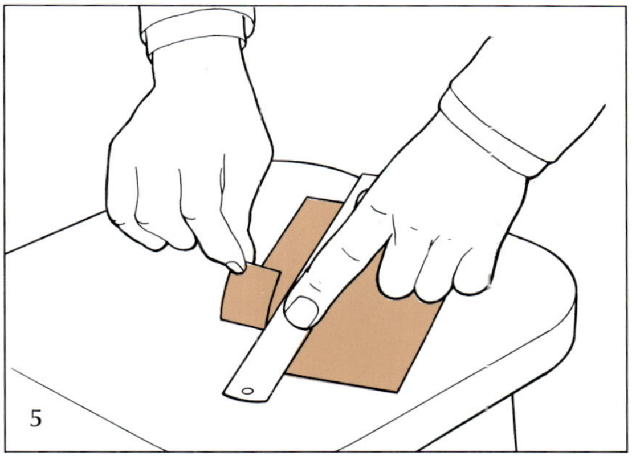

5

6

Wenn Sie beim Schleifen das Papier nur mit den Fingern halten, erreichen Sie keine gleichmäßige Druckverteilung. Nehmen Sie daher für Flächen besser einen Schleifklotz und kleine Formhölzchen für Kurvenpartien. Stellen Sie sich aus Bambusrohr verschieden große, runde und flache Stäbe her, damit Sie genügend Auswahl haben. Bekleben Sie sie mit Wildleder oder irgendeinem anderen weichen Leder als Polsterung.

Schleifen Sie immer in Richtung der Holzfasern, nie quer dazu, denn das würde Kratzer geben. Schleifen Sie mit mäßigem Druck, nicht mit Gewalt. Denken Sie daran, eine Staubmaske aufzusetzen, der Staub einiger Holzarten kann die Schleimhäute reizen.

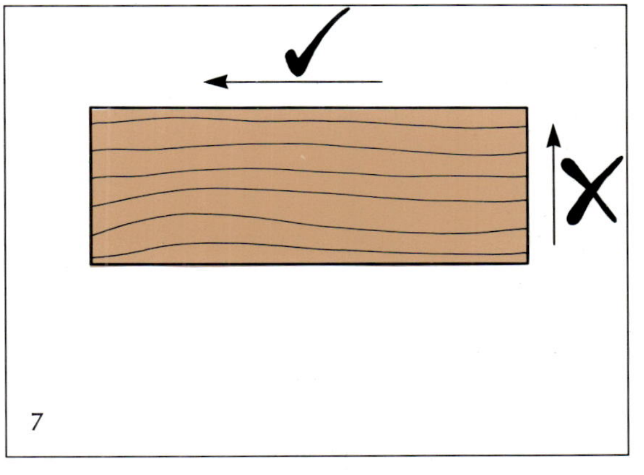

7

8

Wenn Sie mit dem Schleifpapier vor und zurück schleifen, werden die Holzfasern jedesmal erneut hochkommen. Machen Sie daher den letzten Schliff mit Streifen von etwa 25 mm Breite, die Sie nur in eine Richtung mit der Faser, über das Holz ziehen. Ziehen Sie den Streifen mit der einen Hand, während Sie ihn mit zwei Fingern der anderen leicht auf das Holz drücken.

Mit Ausnahme derjenigen Fälle, in denen das Holz gewachst oder mit Öl eingelassen werden soll, wird es zunächst mit Einlaßgrund behandelt. Dadurch werden weiche Holzfasern verfestigt und die Holzporen – besonders bei Hirnholz – geschlossen. Dies ist die Voraussetzung für die Schaffung einer einwandfreien Oberfläche.
Es gibt beim Einlaßgrund eine Vielzahl von Sorten, aber für Schnitzereien ist Schellack-Schleifgrund am besten geeignet. Er verändert die Farbe des Holzes kaum. Man kann auch normale Schellackpolitur nehmen, aber bei der »blonden« Sorte kann es an Hirnholzflächen wegen der starken Saugwirkung zu dunklen Flecken kommen. Schellack ist eines der ältesten Mittel zur Oberflächenbehandlung.
Für den Pinselauftrag kann Schellack mit Spiritus verdünnt werden, 10 Vol.-% sind im allgemeinen genug. Durch den Auftrag richten sich kleine Holzfasern auf und werden hart. Nach ausreichender Trocknungszeit wird mit Schleifpapier Körnung 500 geschliffen.
Normalerweise reichen zwei Aufträge aus, sehr weiche Hölzer können jedoch mehr erfordern. Der Einlaßgrund soll die Poren schließen, und dabei ist auch das nachträgliche Schleifen entscheidend. Schleift man zu wenig, bildet der Schellack einen Überzug; schleift man zuviel, trägt man ihn bis auf das rohe Holz wieder ab.
Leider läßt sich aufgelöster Schellack nicht unbegrenzt lagern. Er verfärbt sich und nimmt nach neun bis zwölf Monaten eine leicht bräunliche Tönung an. Meist gibt es ihn als kleinste Menge nur in 1-Liter-Gebinden. Falls Sie also nicht sehr viel Schleifgrund brauchen, sollten Sie sich nach etwas anderem umsehen. Versuchen Sie es mit Acryl-Seidenglanz-Lack, verdünnen Sie ihn aber entsprechend, sonst gibt es einen zu dicken Überzug.
Hölzer mit Harzgehalt wie z. B. Pitch pine nehmen Schellack nicht an und werden davon fleckig. Polyurethan-Lack kann statt dessen benutzt werden, muß aber gut verdünnt sein.
Hölzer mit brauner Färbung können gut mit Tung-Öl eingelassen werden. Am einfachsten in der Anwendung ist Danish Oil von der Firma Rustins. Richten Sie sich nach deren Verarbeitungsvorschrift, das Öl muß sparsam aufgetragen werden. Man kann einen herrlichen Mattglanz hervorrufen, wenn man beim letzten Auftrag mit Naßschliffpapier Körnung 1000 oder Stahlwolle schleift.
Das Auftragen von Einlaßgrund muß grundsätzlich in einem trockenen, staubfreien Raum geschehen. Vielleicht sollten Sie vorher das Holz mit Spiritus abwischen, um es völlig sauber zu bekommen. Denken Sie aber daran, daß Sie nur ein Einlassen vornehmen sollen, Hochglanz ist auf keinen Fall erwünscht. Dieser Punkt ist ganz entscheidend, denn zu dick aufgetragener Einlaßgrund müßte wieder abgeschliffen werden. Dadurch könnte der gesamte Effekt zunichte gemacht werden. Tragen Sie daher Einlaßgrund immer sparsam auf.

Eine kleine Auswahl von Einlaßgrundsorten und anderen Überzugsmaterialien

Folgende Hinweise sollen Ihnen helfen, das richtige Produkt auszuwählen.

Helle Hölzer	**Vorteile**	**Nachteile**
Schellack-Schleifgrund Mit etwa 10 Vol.-% Spiritus verdünnt sparsam auftragen.	Verändert die Holzfärbung nicht.	Nicht unbegrenzt lagerfähig. Dunkelt bei längerer Lagerung nach. Meist nur in 1-Liter-Gebinden erhältlich.
Acryl-Lack Nehmen Sie Mattlack, keinen Hochglanzlack. Verdünnen Sie mit 10 Vol.-% Wasser.	Leicht zu verarbeiten. In kleinen Mengen lieferbar. Länger lagerfähig. Ändert die Holzfärbung nur wenig. Gut, um die Poren von Hirnholz vor dem Beizen zu schließen.	Fühlt sich etwas wie Kunststoff an.
Schellackpolitur – farblos Kann ebenso wie Schellack-Schleifgrund verwendet werden. Verdünnung. Mit Pinsel auftragen.	In kleinen Mengen erhältlich.	Hirnholz kann durch stärkeres Aufsaugen dunkler werden. Nur begrenzt lagerfähig.
Polyurethan-Lack Verwenden Sie nur Mattlack. Mit 10% bis 20% gereinigtem Spiritus verdünnen. Auftrag mit Pinsel oder durch Einmassieren mit den Fingern.	Gut zum Einlassen bei harzreichen Hölzern geeignet. Stark verdünnt zum Porenfüllen von Hirnholz vor dem Beizen geeignet.	Fühlt sich wie Kunststoff an. Zersetzt sich unter Einfluß von Sonnenlicht. Nach dem Aushärten schlecht wieder zu entfernen.
Bräunliche Hölzer	**Vorteile**	**Nachteile**
Danish Oil Mit Pinsel auftragen. Nach 5 Minuten den Überschuß abwischen. Weiterer Auftrag nach 12 bis 24 Stunden. Dreimal wiederholen, ggf. mit Zwischenschliff.	Bei richtiger Anwendung sehr gut.	Ergibt eine leichte Gelbfärbung, die aber im Normalfall nicht auffällt. Muß vor einem Wachsen völlig durchgetrocknet sein.
Leinöl Gekochtes Leinöl verwenden und mit 20% Terpentin verdünnen. Dünn auftragen und erst nach völliger Trocknung wiederholen.	Sehr widerstandsfähig und seit Jahrhunderten in Gebrauch. Etwas besser als Danish Oil.	Dunkelt mit der Zeit stärker nach. Leichter Gelbton.
Schellack-Schleifgrund S. oben.		
Polyurethan-Lack Siehe oben.		
Schellack-Politur blond Mit Pinsel oder Ballen auftragen. Nach Bedarf mit Spiritus verdünnen.	Läßt sich ebensogut verarbeiten wie Schellack-Schleifgrund. In kleinen Mengen erhältlich.	Hirnholz kann infolge stärkerer Aufnahme dunkler werden, besonders bei Pinselauftrag.

Nach dem ersten Auftrag und Zwischenschliff ist der Einlaßgrund in Richtung der Holzfasern einzuarbeiten.

Oft ist eine mit Bearbeitungsspuren systematisch strukturierte Oberfläche attraktiver als eine glatte. Der Anfänger lernt viel, wenn er mit dem strukturierenden Effekt von Schnitten mit Hohleisen verschiedener Stiche experimentiert. Oft ist ein Kompromiß gefordert, bei dem strukturierte Oberflächenpartien in glatte übergehen müssen. Dann muß der Übergang allmählich erfolgen, entweder dadurch, daß die einzelnen Schnitte flacher werden oder größeren Abstand haben, oder dadurch, daß der Übergang mit Ziehklinge und Schleifpapier geschaffen wird (a). ▶

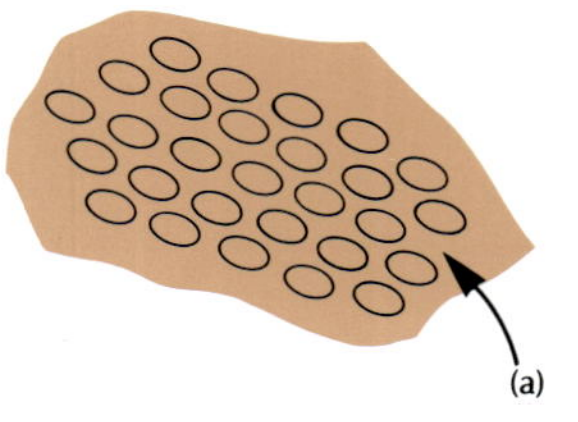

1

◀ Am Anfang sollten Sie mit den Arbeitsgängen Glätten und Schleifen bis zur Körnung 500 fortfahren. Bei heutigen Schleifpapieren betten sich nicht mehr einzelne Schleifkörner ins Holz, wie das beim alten Sandpapier der Fall war, deshalb darf man auch nach dem Schleifen wieder mit einem Stechbeitel an der Schnitzerei arbeiten. Eine Oberfläche mit Bearbeitungsspuren hat hohe (a) und tiefe (b) Stellen. Die hohen Stellen müssen ganz glatt sein. Schleifen Sie deshalb Ihre Schnitzerei vor dem Strukturieren.

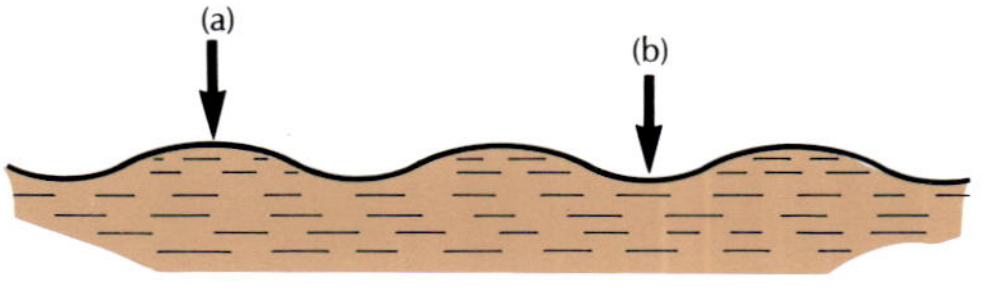

2

Überlegen Sie sich, welche Partien Ihrer Schnitzerei durch Strukturieren der Oberfläche an Aussehen gewinnen würden. Zeichnen Sie sie mit weißer Kreide an. Für den gewünschten Effekt muß die Strukturierung unregelmäßig sein (a). Eine regelmäßige Struktur wirkt gekünstelt (b). Das trifft besonders dann zu, wenn die gesamte Oberfläche strukturiert wird, wobei es wesentlich besser aussieht, wenn sie unregelmäßig ist, ausgenommen vielleicht das Andeuten von Schuppen bei einem Fisch. ▶

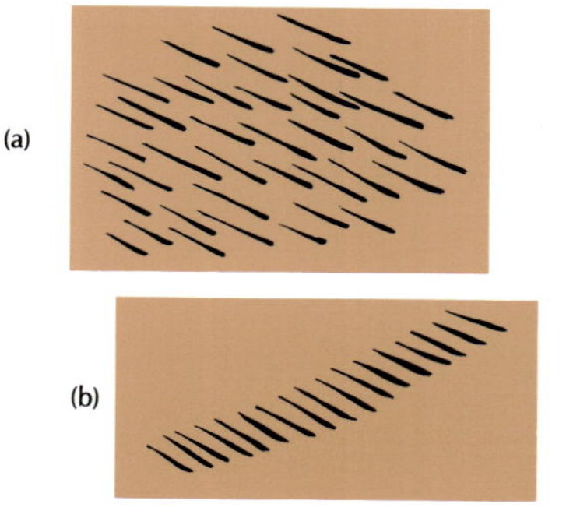

3

◀ Es ist immer empfehlenswert, eine Strukturierung zunächst an einem Abfallstück vom gleichen Holz wie dem der Schnitzerei auszuprobieren und den Effekt bei gutem Licht zu begutachten. Achten Sie darauf, daß eine Strukturierung nicht zu kräftig gerät und von der Formgebung der Schnitzerei ablenkt. Letzteres kann bei Skulpturen leicht passieren, weshalb Sie dabei bedachtsam vorgehen sollten.

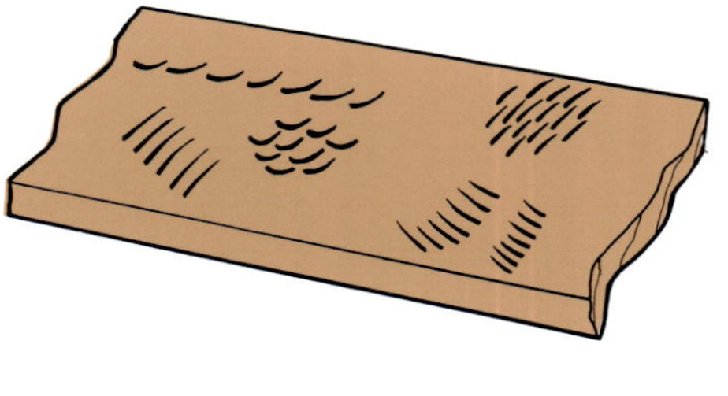

4

Eine glatte Fläche mit ausdrucksloser Maserung kann durch Facettenschnitte belebt werden. Das gilt für beides, Relief und Skulptur. So kann z. B. der Grund bei Reliefs damit gut gestaltet werden. Facettenschnitte sind auch bei schwierigem Faserverlauf, besonders auf Hirnholz, angebracht. Nehmen Sie dazu ein kleines Hohleisen Nr. 3 (Schweizer Nr. 2), und achten Sie darauf, daß es ganz scharf ist. Ziehen Sie es zwischendurch häufig ab, damit bei jedem Schnitt eine saubere, glänzende Schnittfläche entsteht. Man spricht dabei auch von Wellenschnitten (a).

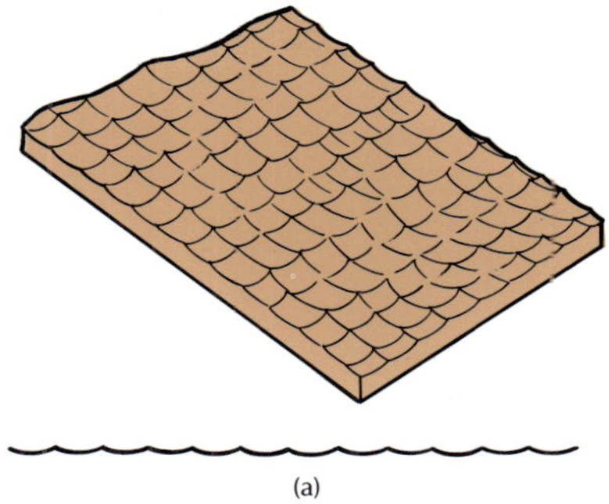

5

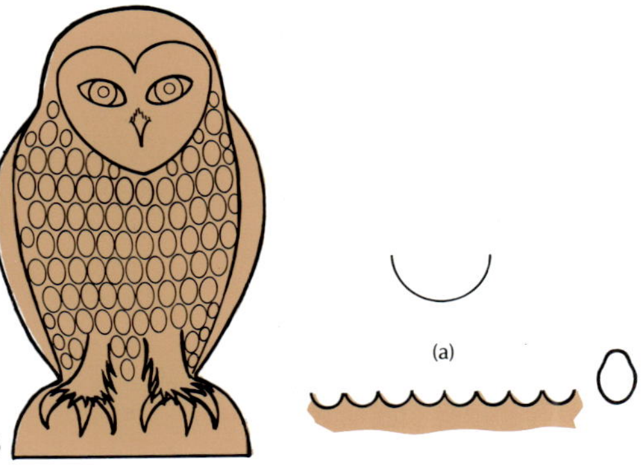

6

Den Eindruck von Gefieder schaffen Sie mit einem Hohleisen Nr. 9 (a). Bringen Sie die Schnitte reihenweise versetzt an, um das Überlappen der Federn anzudeuten. Jeder einzelne Schnitt für eine Feder ergibt eine kleine Höhlung. Dafür muß das Hohleisen ganz scharf sein, denn es muß für jeden Schnitt ins Holz dringen und gleich wieder herauskommen, ohne Fasern auszureißen. Sie können einen ansprechenden Zweiton-Effekt erzielen, wenn Sie das Holz zunächst dunkel beizen und erst dann strukturieren, z. B. Linde erst auf dunkle Kiefer beizen.

Je nach Form und Größe können Fischschuppen mit Hohleisen Nr. 4 bis 7 angedeutet werden. Achten Sie darauf, daß die Schuppen überlappend angeordnet sind. Für einfache Schuppen machen Sie Schnitte mit senkrecht gehaltenem Hohleisen (a). Große Schuppen müssen einzeln ausgeformt und etwas hinterschnitten werden (b).

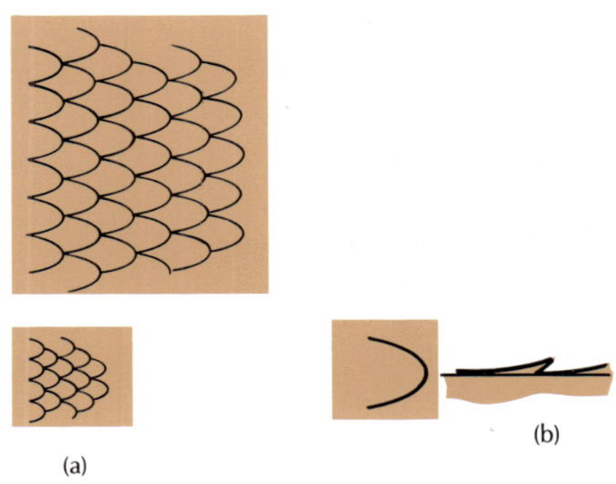

7

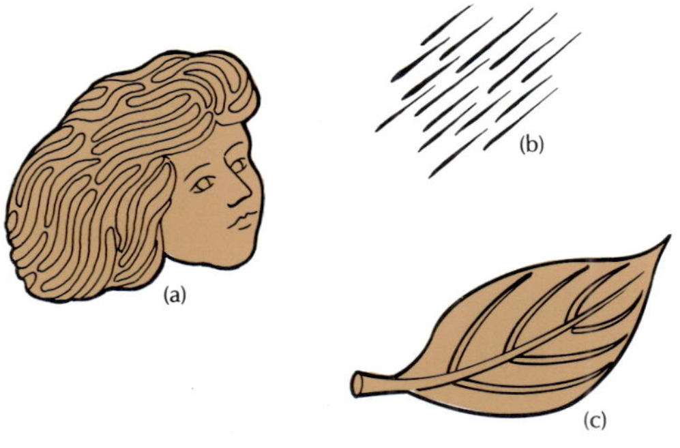

8

Haar läßt sich mit einem Ziereisen Nr. 11 andeuten (a). Kleine Details können mit einem Geißfuß strukturiert werden (b). Damit deuten Sie auch die Struktur von Fell oder auf einzelnen Federn an. Mit dem Ziereisen werden auch Blattadern geschnitzt (c).

Normalerweise beläßt man das Holz in seiner natürlichen Farbe, aber durch Beizen kann ein beachtlicher Effekt erzielt werden. Feine Unterschiede können den Gesamteindruck verbessern. Gibt man z. B. dem Sockel ganz oder teilweise eine andere Farbe, kann das eine Skulptur hervorheben. Ein Beizen vor dem Strukturieren führt zu einem Zweiton-Effekt. Probieren Sie das Beizen aber immer zuerst an einem gleichen Abfallholzstück aus, um ein Mißgeschick zu vermeiden.

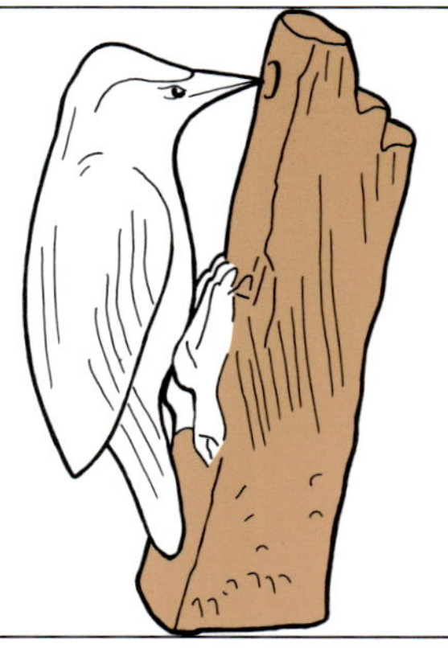
1

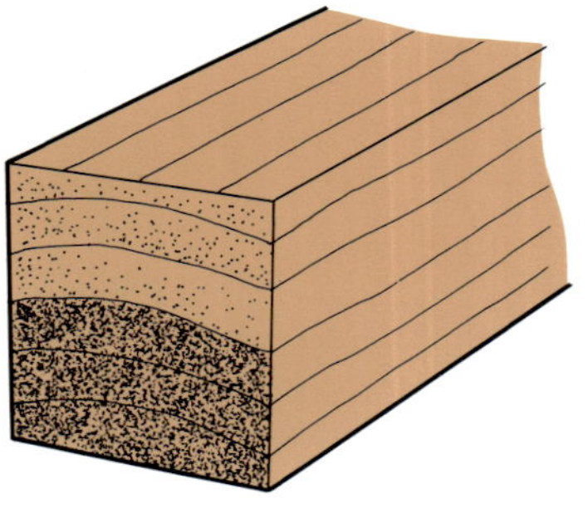
2

Beim Beizen muß die Saugfähigkeit des Holzes bedacht werden. Hirnholz saugt mehr als andere Flächen Beize auf, und das kann zu dunkleren Flecken führen. Deshalb sollten Sie Hirnholz vorher mit stark verdünntem Mattlack einlassen.

Wenn Sie einen Pinsel benutzen, ist die Menge der an die Oberfläche abgegebenen Beize nur schlecht zu beeinflussen (a). Daher ist es grundsätzlich empfehlenswert, Beize mit einem Lappen aufzutragen (b). Drehen Sie einen nicht fusselnden Lappen um einen Wattebausch, auf den Sie ein paar Tropfen Beize getan haben, zu einem Ballen zusammen (c). Decken Sie Partien, die keine Beize annehmen sollen, mit Wachs ab.

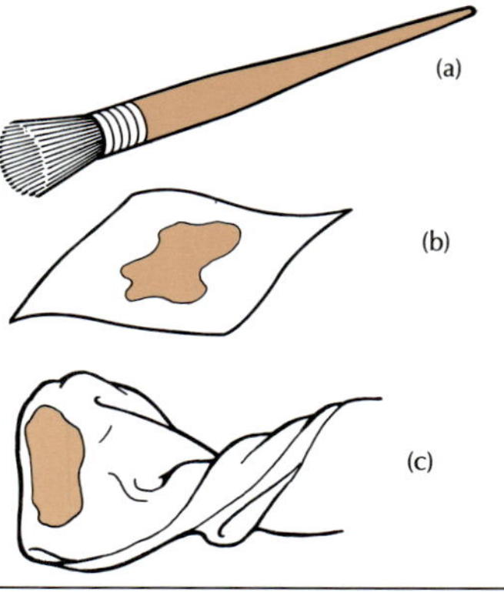

3

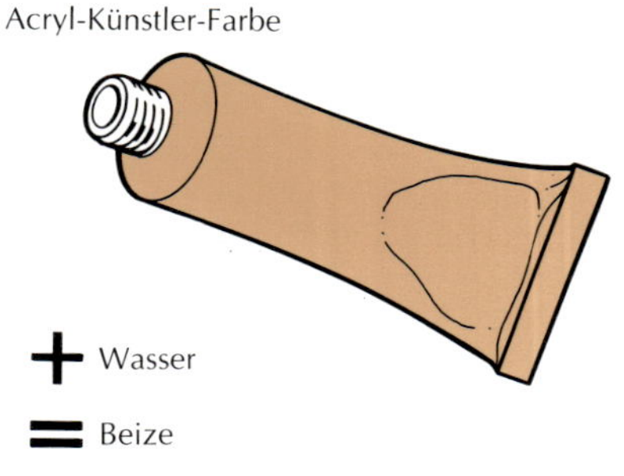

4

Wasserbeizen wirken langsamer als Spiritusbeizen. Wenn Sie nur wenig Beize brauchen, läßt sich gut mit Wasser verdünnte Acryl-Künstlerfarbe verwenden. Probieren Sie den Effekt aber immer erst an einem Stück Abfallholz aus, das von derselben Sorte ist wie das Ihrer Schnitzerei. Für großflächiges Beizen gibt es Marken-Wasserbeizen, die in der Regel leicht zu verarbeiten sind.

Schweinchen

Schweinchen

Diese Skulptur wurde aus Khayaholz angefertigt. Wegen ihrer Größe mußte eine Holzart gewählt werden, die in 150 mm Dickte erhältlich war. Die Fertigmaße sind 280 x 150 x 150 mm.

Da dieses Holz bei glatter Oberfläche relativ ausdruckslos ist, wurde der ganze Tierkörper mit einem sehr scharfen Hohleisen Nr. 7 strukturiert. Auch mit Hohleisen einer Nummer zwischen 5 und 9 hätte man die rauhe Haut des Schweins andeuten können. An Kopf und Ohren wurden weniger tiefe Schnitte mit Hohleisen Nr. 3–5 angebracht und mit Schleifpapier Körnung 250 bearbeitet, um die scharfen Kanten etwas zu brechen.

Anschließend wurde die ganze Oberfläche leicht mit Siliziumkarbid-Schleifpapier Körnung 500 geglättet.

Antik-Eichen-Beize wurde mit einem Lappen aufgetragen und stellenweise mit einem mit Spiritus befeuchteten Lappen wieder weggewischt. Dadurch ergab sich eine abgestufte Beiztönung an verschiedenen Stellen des Schweins. So sollten z. B. die Ränder der Ohren heller sein, damit sie nach dem Polieren das Licht stärker reflektieren konnten. Nach dem Trocknen der Beize wurden die hochgekommenen Holzfasern mit abgenutztem Schleifpapier Körnung 500 entfernt. Abschließend wurde mit Wachs poliert.

Grundsätzlich kann jedes gute Möbelwachs zum Behandeln von Schnitzereien benutzt werden. Die Grundsubstanz von guten Polituren ist Bienenwachs. Für sich allein verwendet, hinterläßt Bienenwachs jedoch eine klebrige Oberfläche; daher wird etwas Hartwachs – meist Carnaubawachs – zugesetzt, um diesen Effekt zu verhindern. Beide Wachse werden klein geraspelt und mit Terpentinöl zusammengeschmolzen.

Es ist relativ einfach, eine Wachspolitur selbst zusammenzustellen, nur besteht dabei erhebliche Feuersgefahr. Mir selbst war es nie der Mühe wert, gar nicht zu reden von der Gefahr, Küche oder Werkstatt in Flammen aufgehen zu sehen. Man kann sehr gute Markenwachse kaufen, die alle nicht sehr teuer sind.

Meist ist es angebracht, gebleichte Wachspolitur zu verwenden (weiß oder farblos), da sie die Färbung des Holzes nicht beeinflußt. Manchmal braucht man aber doch ein getöntes Wachs. Probieren Sie den Effekt aber immer erst an einem Stück Abfallholz von derselben Sorte wie das der Schnitzerei aus. Glatte Flächen können mit einem Lappen poliert werden, bei grobporigem Holz oder strukturierter Oberfläche muß man eine Bürste nehmen.

Viele Holzbildhauer verwenden spezielle Wachspolituren, die direkt auf das rohe Holz aufgetragen werden können.

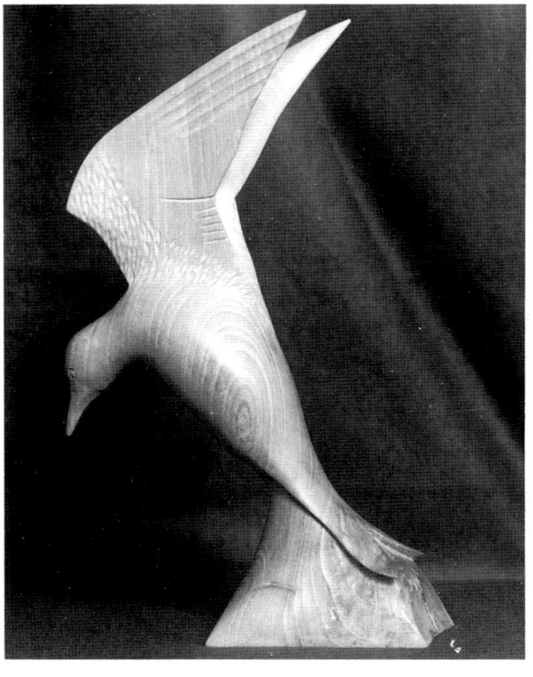

Seeschwalbe

Die bekannteste Marke ist »Briwax«, eine Hartwachs-Politur mit Petroleum anstelle von Terpentinöl als Lösemittel. Briwax gibt es farblos und getönt. Dieses Wachs wird am besten mit einer mittelharten Bürste – z. B. einer Zahnbürste – aufgetragen und mit einer weichen Bürste nachpoliert. Wenn ein Überschuß von dem farblosen Wachs in Ritzen stehenbleibt, wird er nach dem Aushärten weiß und läßt sich schlecht entfernen, daher ist es besser, das Wachs mit einer Bürste und nicht mit einem Lappen aufzutragen. Briwax dürfen Sie nur in einem gut belüfteten Raum verarbeiten, da die Lösemitteldämpfe gesundheitsschädlich sind.

Ein anderes Wachs, das man auf rohes Holz, aber auch auf grundiertes auftragen kann, ist Renaissance-Polish. Sie müssen nach einem Lieferanten möglicherweise länger suchen oder sogar an den Hersteller schreiben, aber es lohnt sich. Es wird aus hochgradig gereinigten, mikrokristallinen, fossilen Wachsen hergestellt und sehr häufig in Museen und Kunstsammlungen verwendet. Das Wachs bleibt durchsichtig und kann daher mehrmals aufgetragen werden, ohne Details der Oberfläche zu verdecken. Es läßt sich fast unbegrenzt lagern und ist sehr sparsam im Gebrauch, allerdings ist es teurer als andere Wachs-Polituren.

Seeschwalbe

Diese Skulptur aus Lindenholz hat die Abmessungen 360 x 230 x 100 mm.

Wollen Sie bei einem gesägten Rohling Flügel schnitzen, muß das Holz ausreichend feste Fasern haben. Ein guter Zellverband im Holz erlaubt das Schnitzen auch von Feinheiten. Linde und Ahorn sind dafür gut geeignet.

Bei dieser Skulptur sind Schnabelspitze und Flügelenden die gefährdeten Stellen. Der Schnabel läuft in Richtung der Holzfasern, aber die äußersten Flügelenden laufen leicht schräge, dazu. Da jedoch der Zellverband (beim Lindenholz) fest genug ist, konnten sie ohne Schwierigkeiten geschnitzt werden. Abschließende Korrekturen wurden mit Schleifpapier vorgenommen.

Es ist immer wichtig, ein Holz mit passender Färbung zu wählen. Man sieht, daß das helle Lindenholz die Formen nicht stört. Das wäre bei einem ausdrucksstarken Holz wie z. B. Kirsche ganz anders.

Die Skulptur wurde mit farblosem Wachs behandelt, um die helle Farbe zu erhalten.

Als naturgewachsener Stoff kann Holz auch Fehler haben. Das können Innenrisse (Kernrisse), morsche Stellen im Innern, Löcher vom Wurmfraß und Trockenrisse sein. Am besten, man kauft nur entsprechend abgelagertes Holz der besten Güteklasse. Trotzdem sollten Sie wissen, wie Sie solche Fehler beseitigen können, denn es könnte ja sein, daß Sie irgendwann das Freiformschnitzen mit Ästen, Wurzelholz oder Schwemmholz anfangen, und dann werden Sie sicherlich den einen oder anderen dieser Fehler antreffen.

Jeder Holzbildhauer sollte einsehen, daß Holz immer kleinere Fehler haben kann, ebenso wie man im Alter Falten bekommen kann. Holz ist nun einmal kein Kunststoff.

Kleinere Fehler füllt man am besten mit reinem Bienenwachs aus, das, über einer Kerze weich gemacht, kräftig eingearbeitet wird. Morsche Stellen müssen vorher mit einer Drahtbürste ausgebürstet und mit Holzverfestiger behandelt werden. Risse und Spalten können sich entsprechend der Feuchtigkeit der Raumluft öffnen oder schließen. Das Ausfüllen von Spalten mit Bienenwachs bietet den Vorteil, daß das Wachs einfach herausquillt, wenn sich der Spalt schließt. Benutzt man dagegen ein aushärtendes Füllmaterial, kann ein weiterer Riß entstehen.

Sägespäne oder Schleifstaub vom gleichen Holz können mit Leim vermengt als Holzkitt dienen. Behandeln Sie aber die Oberfläche erst mit Einlaßgrund, damit keine Leimflecke entstehen. Das ist ein probates Mittel für kleinere Stellen, bei größeren würde jedoch der Unterschied zum Bild der umgebenden Maserung sehr auffallen.

Tiefe Fehlstellen kann man mit ausgesucht passendem Holz ausflicken, muß dabei aber sehr auf Holzfärbung und Maserung achten, sonst fällt die geflickte Stelle ebensosehr auf wie die ursprüngliche Fehlstelle. Falls Sie Spalten mit Holz ausfuttern, kann beim Schwinden des Holzes ein neuer Riß entstehen. Löcher vom Wurmfraß schließen Sie mit einem Kitt aus Schleifstaub und Leim, nachdem das Holz gegen weiteren Wurmfraß behandelt ist.

Fangen Sie noch einmal von vorn an, wenn sich das gewählte Holz als ausgesprochen schlecht herausstellt. Es lohnt nicht, einen aussichtslosen Kampf gegen ein fehlerhaftes Stück Holz zu führen.

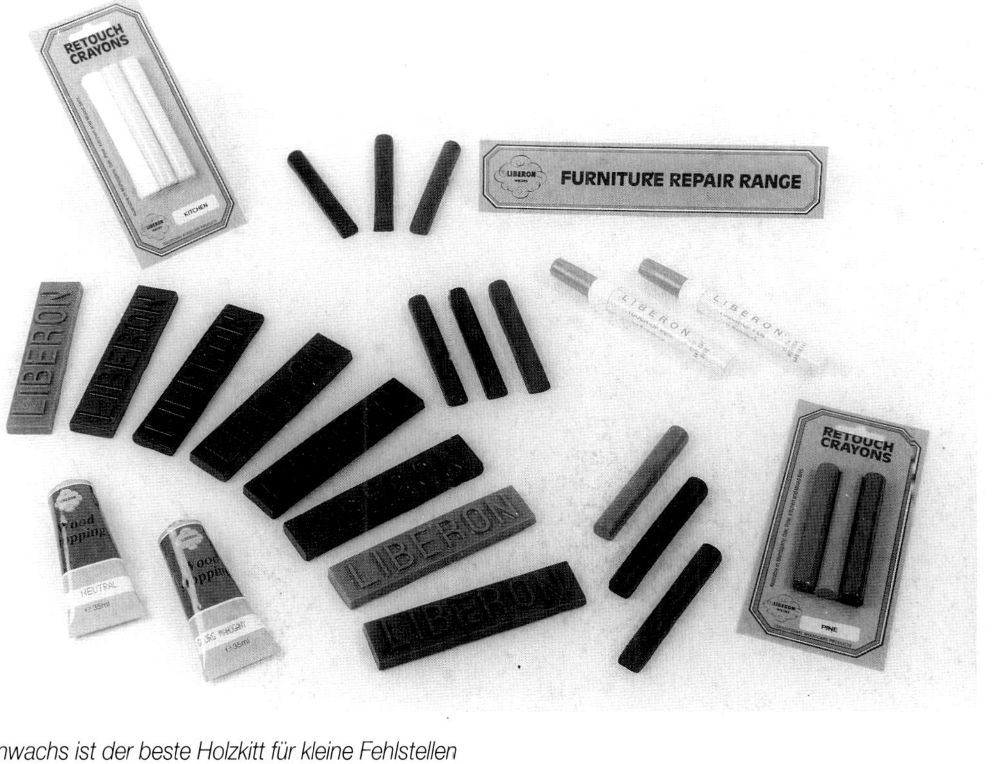

Bienenwachs ist der beste Holzkitt für kleine Fehlstellen

Einige Elektrowerkzeuge können ganz nützlich sein. Man muß sie nicht unbedingt besitzen, aber die Ersparnis an Zeit und Mühe kann die Freude beim Schnitzen heben.

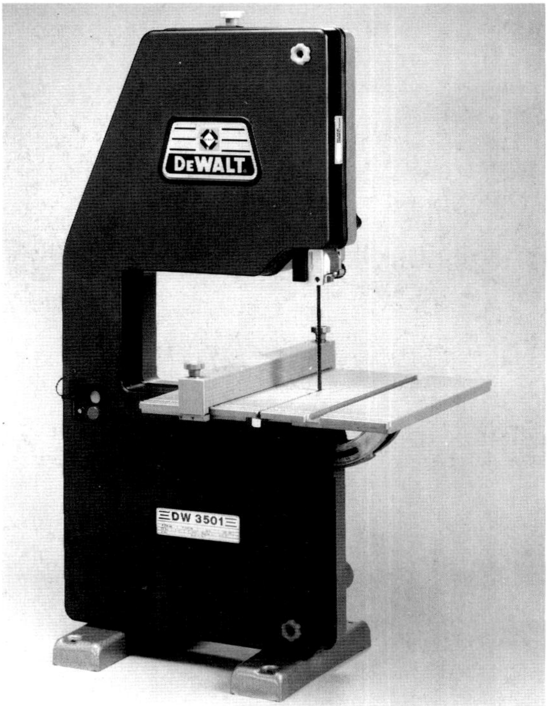

Bandsäge

Auf einer Bandsäge lassen sich Bohlen mit einem breiten Sägeblatt in Rohlinge auftrennen und mit einem Schweifsägeblatt Rohlinge grob auf Form sägen. Die maximale Schnitthöhe sollte mindestens 155 mm betragen; Bandsägen mit zwei Rädern beanspruchen die Sägeblätter am wenigsten. Bandsägen sind relativ sicher, wenn Sie sich an die Bedienungsanweisung halten.

Wenn Sie überwiegend Reliefs schnitzen wollen, kann eine Oberfräse gute Dienste leisten. Sie können damit nicht nur das Holz bis auf den Grund rasch abarbeiten (der dann noch beschnitzt werden muß), sondern auch an den Kanten entlang Profile mit entsprechenden Fräsern herstellen. Modelle der mittleren Preisklasse wie die von Bosch und Black & Decker sind völlig ausreichend.

Stichsäge

Die Stichsäge, deren Platte sich bis auf 45° schwenken läßt, kann Bohlen bis zu 50 mm schneiden. Stärkere Bohlen lassen sich schneiden, wenn Sie von beiden Seiten arbeiten. Mit der Stichsäge kann man sehr gut die Durchbrüche bei durchbrochener Schnitzerei aussägen und auch unregelmäßige Umrisse von Relieftafeln formen. Die Stichsäge ist ein nützliches Werkzeug, auch wenn sie nicht den Arbeitsbereich einer Bandsäge erreicht.

Oberfräse

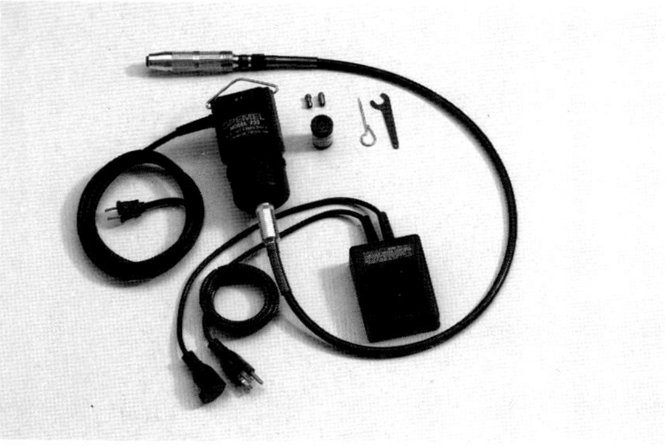

Mit kleinen Fräs- und Schleifstiften in einer Mini-Bohrmaschine können Sie Ecken sauber putzen, die Sie mit den Hohleisen nicht erreichen. Das Modell von Dremel gibt es in zwei Ausführungen: einmal als »Moto-Tool« entsprechend einer Handbohrmaschine und zweitens als »Moto-Flex« mit biegsamer Welle und Spannzange. Für das erste Modell gibt es außerdem noch einen Oberfräse-Zusatz.

Auf den Schwingschleifer mit großer Platte paßt ein halber Bogen Schleifpapier. Mit Schleifpapier der verschiedenen Körnungen kann man damit die Standfläche von Skulpturen oder die Rückseite von Reliefs rasch eben schleifen. Kaufen Sie aber ein Modell mit Staubbeutel.

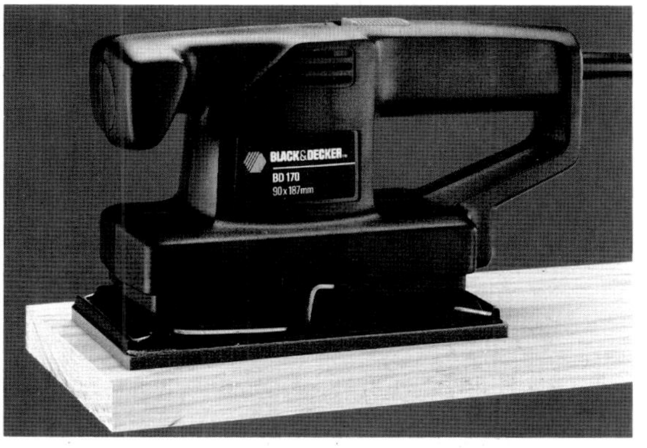

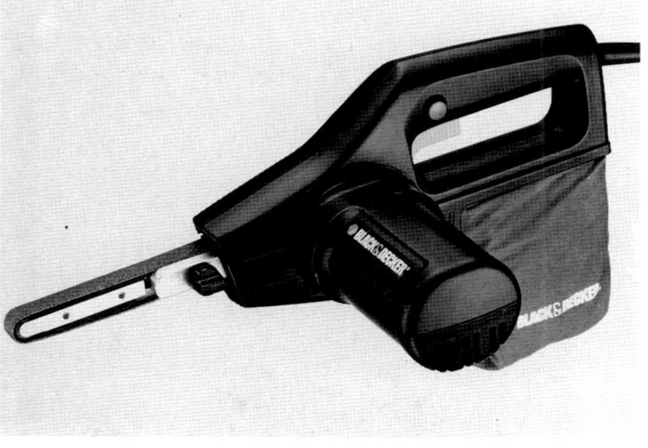

Sie sollten beim Schnitzen nicht zu viel mit Bandschleifern arbeiten, aber beim Freiformschnitzen von Wurzelholz oder Ästen benötigen Sie eine mechanische Hilfe. Die »Power-Feile« von Black & Decker arbeitet wie eine kleine Bandschleifmaschine und läßt sich mit allen dazugehörigen Bandbreiten gut zum Schleifen von ebenen und gerundeten Partien verwenden. Es gibt eine Zusatzeinrichtung zum Schleifen von konkaven/konvexen Formen.

Im Bosch Exzenterschleifer sind die Bewegungen des Schwingschleifers und einer normalen, rotierenden Schleifmaschine kombiniert. Damit läßt sich eine saubere Oberfläche herstellen. Ideal bei sehr großen Schnitzereien.

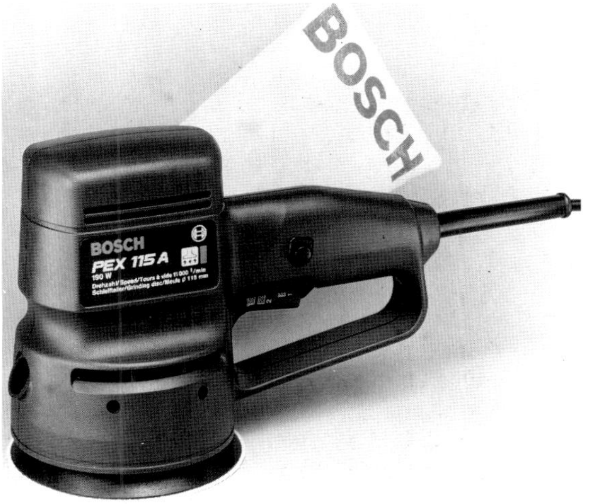

Aus Sicherheitsgründen sollten Sie bei der Benutzung solcher Maschinen grundsätzlich Schutzbrille und Staubmaske tragen.

Bleiben Sie mit Ihren Fingern immer hinter einer Schneide. Schnitte nur von sich weg ausführen, nicht auf sich zu. Arbeiten Sie mit gut geschärften Werkzeugen – dann kann Ihnen nichts passieren. Stumpfe Werkzeuge rutschen leichter ab und verursachen Verletzungen. Hören Sie auf, wenn Sie merken, daß Sie müde werden. Statistisch gesehen passieren in der Industrie später am Tag mehr Unfälle als zu irgendeiner anderen Zeit.

1

2

Machen Sie es sich zur festen Gewohnheit, immer eine Schutzbrille zu tragen, wenn Sie mit Elektrowerkzeugen arbeiten, sollte es auch nur für ein paar Minuten sein. Beim Abziehen mit Bruchstücken von Glas und beim Schnitzen von sprödem Holz sollten Sie ebenfalls eine Schutzbrille tragen. Schaffen Sie sich eine neue Brille an, wenn die alte verkratzt ist.

Tragen Sie eine Staubmaske beim Schleifen und beim Arbeiten mit Motorsägen. Einige Holzarten, besonders Tropenhölzer, enthalten Stoffe, die die Schleimhäute von Augen und Nase reizen können. Ein oder zwei Holzarten können auch eine Allergie auslösen. Wechseln Sie den Filterstoff rechtzeitig aus.

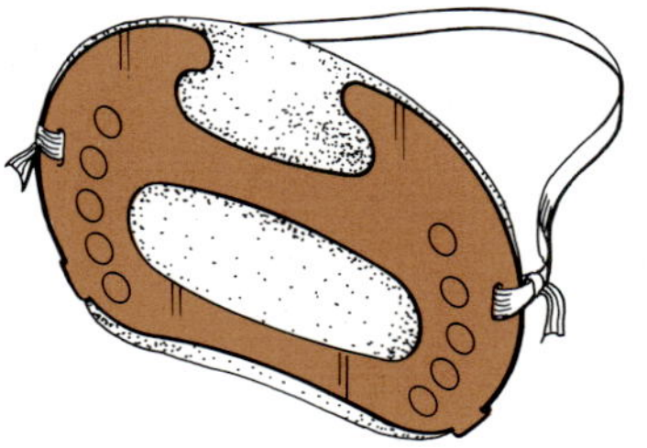
3

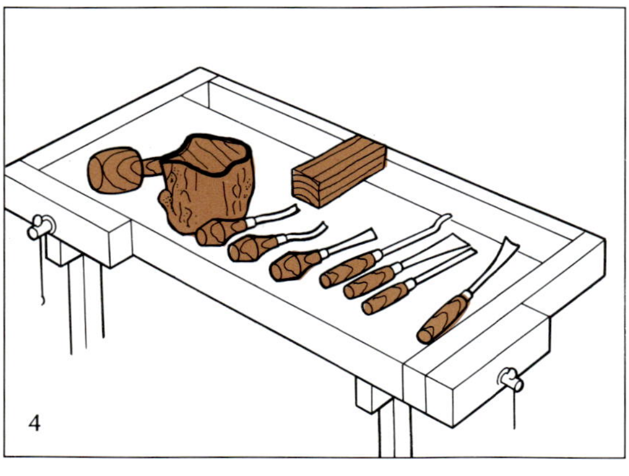
4

Legen Sie sich nicht mehr Werkzeuge zurecht als unbedingt erforderlich. Legen Sie sie so hin, daß Sie sie leicht greifen können. Ordnung am Arbeitsplatz bietet mehr Sicherheit und die Werkzeugschneiden werden nicht beschädigt. Immer systematische Ordnung zu halten, kennzeichnet den wirklichen Fachmann.

Arbeiten Sie nicht inmitten von Unordnung. Schaffen Sie sich einen ordentlichen, gut beleuchteten Arbeitsplatz und halten Sie ihn sauber. Machen Sie es sich zur Angewohnheit, nach Beendigung der Arbeit auszufegen. Auf dem Boden liegende Späne und Sägemehl bilden eine Rutschgefahr. Bewahren Sie Lösemittel, Beizen und ähnliche Substanzen hoch oben auf einem Bord auf, damit Kinder nicht herankommen können.

5

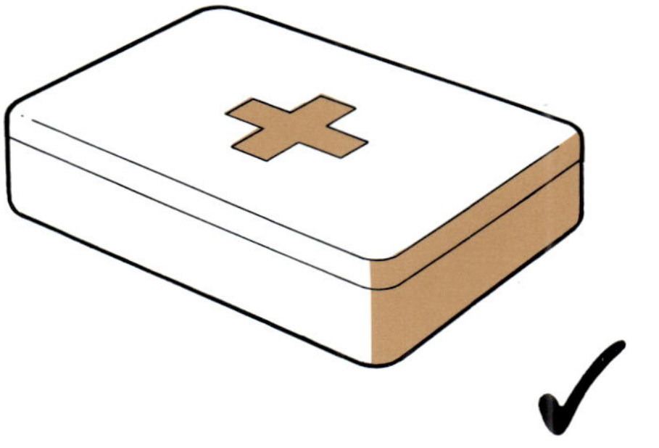

6

In der Werkstatt sollte sich auf jeden Fall ein Kasten mit einer Erste-Hilfe-Ausrüstung befinden. Empfehlenswert ist es auch, mit der Tetanus-Impfung stets auf dem laufenden zu sein.

Beseitigen Sie alle Lappen, mit denen Öl oder Wachs aufgetragen wurde. Sie können eine Feuersgefahr sein. Auch gebrauchte Stahlwolle kann sich von selbst entzünden. Bewahren Sie Ihre neue Stahlwolle in einem Blechkasten auf. Schaffen Sie sich einen geeigneten Feuerlöscher an. In der Werkstatt ist das Rauchen verboten.

7

8

Schließen Sie die Werkstattür ab, wenn Sie Ihre Arbeit beendet haben. Es geht nicht nur darum, daß sie wertvolles Inventar enthält, sondern auch darum, daß sie kein Spielplatz für Kinder ist.

Hinweis: Die folgenden Entwürfe sollen dem Anfänger eine Hilfe bei seinen ersten Versuchen mit dem Schnitzen bieten. Sie dienen – fotokopiert und auf das Holz übertragen – als Anhalt für die Schnitzerei.

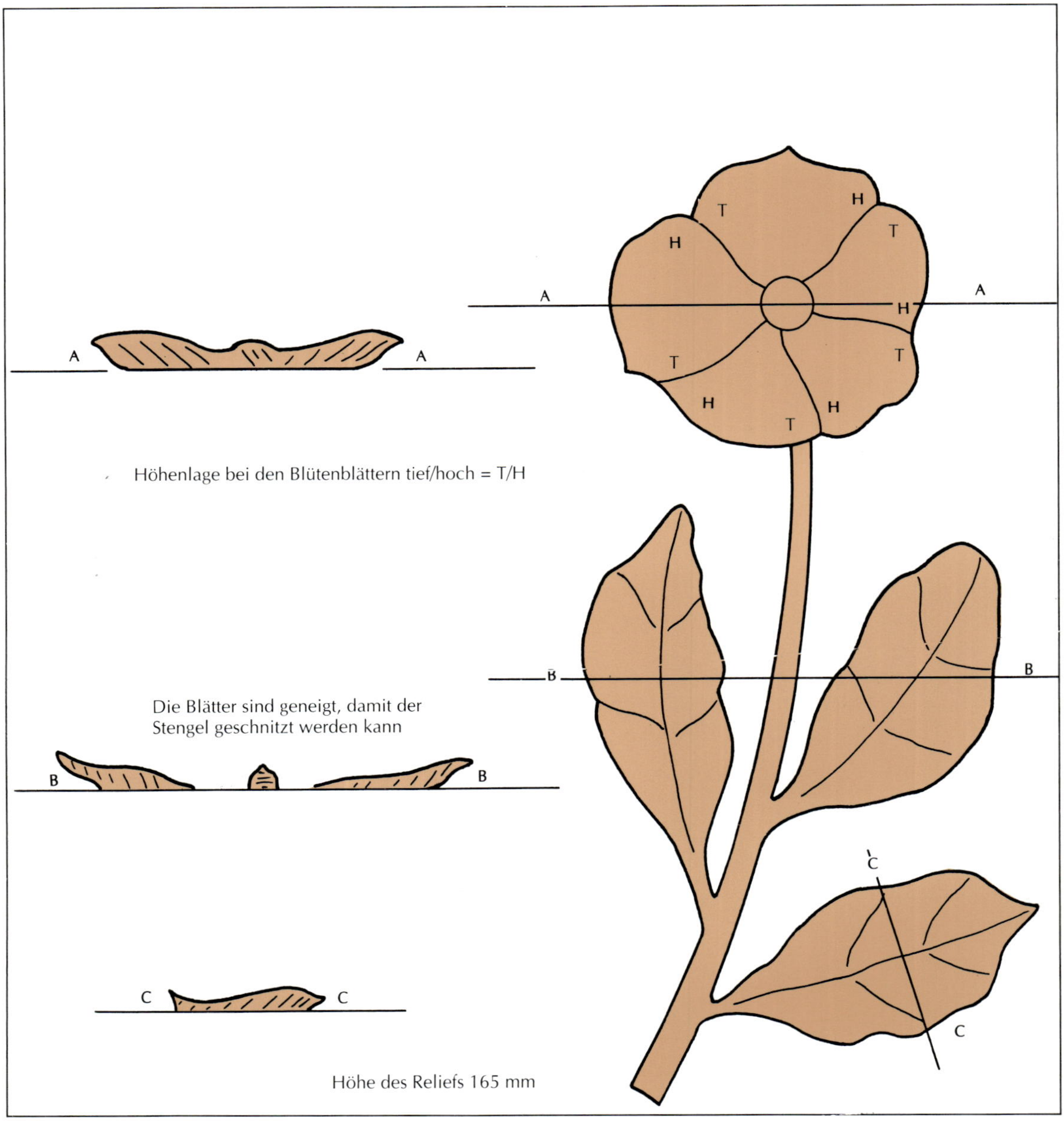

Blume als Reliefschnitzerei

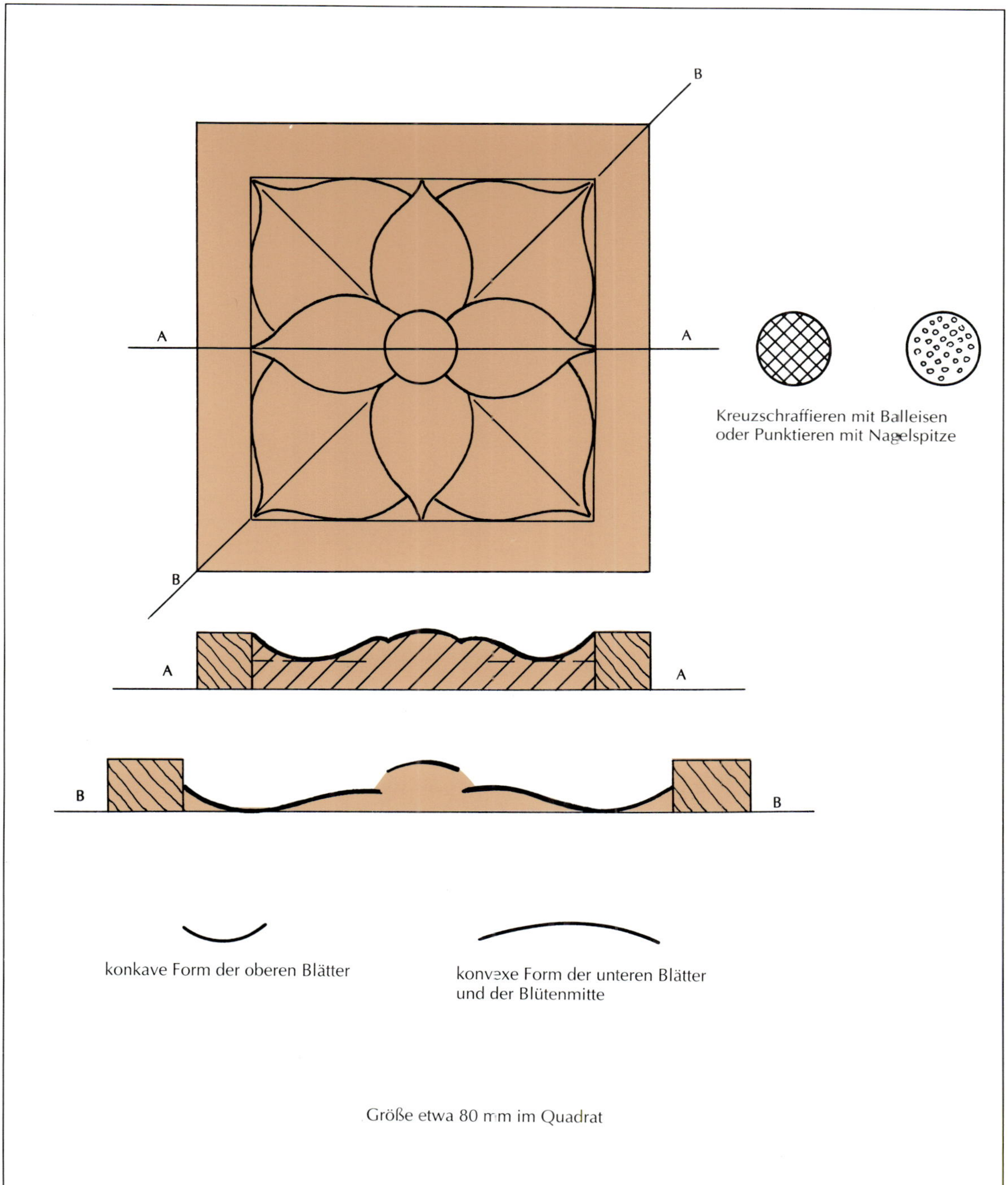

Blütenblätter als Relief

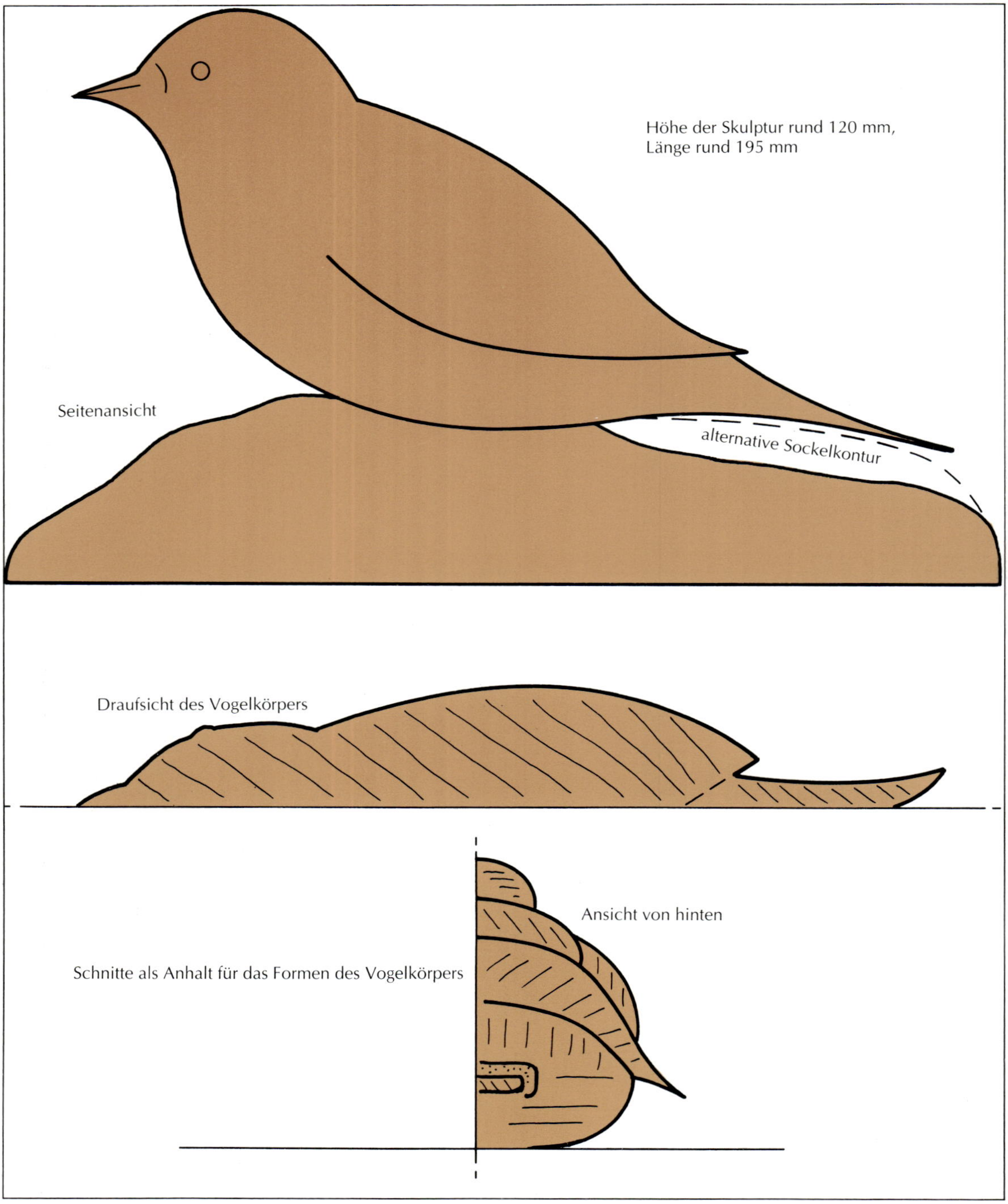

Entwurf für eine Vogelskulptur

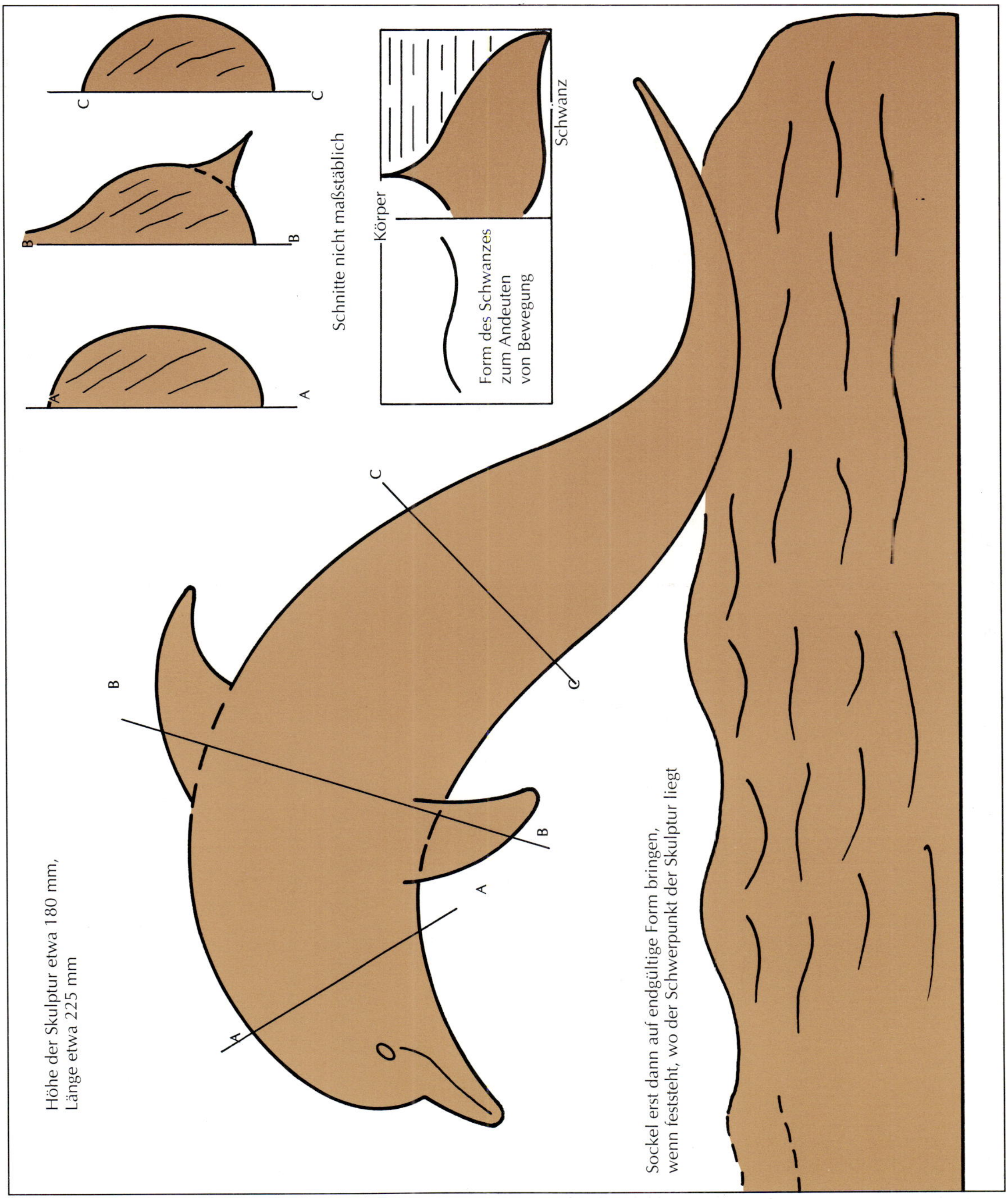

Entwurf für die Skulptur von einem Delphin

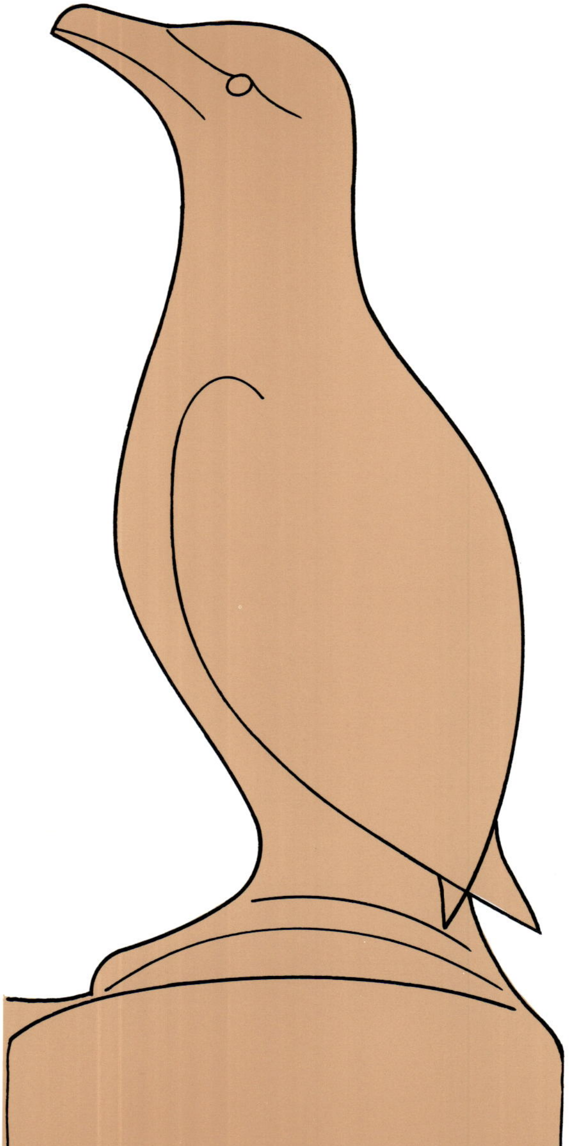

Höhe der Skulptur etwa 500 mm

Entwurf für eine Seevogelskulptur

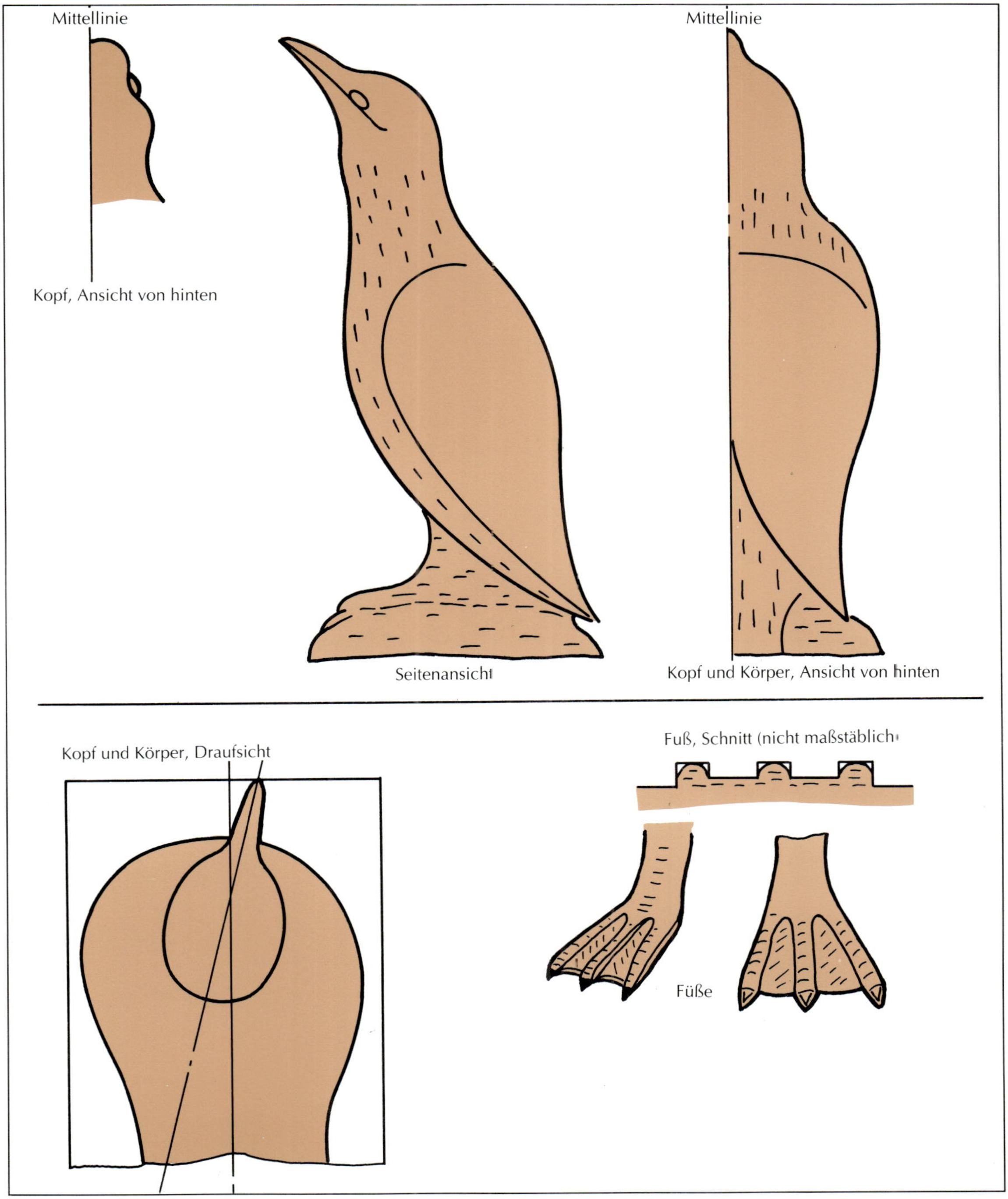

Einzelheiten zur Seevogelskulptur

Bildhauerstechbeitel
Grundausrüstung:
Nr. 1, 15 mm
Nr. 3, 9 mm
Nr. 4, 19 mm
Nr. 5, 15 mm
Nr. 9, 6 mm
Nr. 9, 12 mm
Nr. 11, 1,5 mm
Nr. 39, 6 mm

Erweiterung:
Nr. 54 x 3 x 12 mm
Nr. 3, 1,5 mm
Nr. 4, 6 mm
Nr. 5, 7,5 mm
Nr. 28, 6 mm
Nr. 33, 4,5 mm
Nr. 47 x 3 x 6 mm

Numerierung nach der Londoner Form.

Bildhauer-Klüpfel
Buche und/oder Pockholz, 90 mm Y.

Werkzeugtasche

Abziehstein
India Kombinationsstein fein/mittel oder natürlicher Arkansas-Stein.

Formsteine zum Abziehen
India oder Arkansas. Passend zu den Hohleisen.

Streichriemen

Polierpaste

Ziehklingen
Schwanenhalsform und hohle Form

Feilen
Holzraspel, mittlerer Hieb. Filemaster, flach und halbrund (Sandvik). Surform, rund (Stanley). Sandplate, mittel/fein (Sandvik).

Riffler
Mittlerer und feiner Hieb. Formen: flach, halbrund, rund. Ergänzen Sie andere Formen später.

Sägen
Fuchsschwanz, Zahnteilung 3 mm, Rückensäge, Kopiersäge.

Schraubstock
Ausführung für Holzarbeiten oder Scopas Chops (Tiranti).

Schraubzwingen
Größe passend zur Werkbank.

Werkbank
Hobelbank, kräftige Werkbank, Workmate (Black & Decker), Hauklotz vom Schlachter. Selbstbau aus Holz von einem Abbruch.

Material zur Fertigbearbeitung
Schleifpapier Körnung 150 bis 500 oder 1000.
Möglichst mit Granat-Korn.
Stahlwolle, Typ 0000.
Schellack-Schleifgrund.
Acryl-Mattlack.
Danish Oil (Rustins).
Gutes Möbelwachs.

Abziehen
Arbeitsgang auf Öl- oder Wassersteinen beim Schärfen von Beiteln.

Angel
Spitz zulaufendes, hinteres Ende eines Stechbeitels, mit dem er im Heft befestigt wird.

Arkansas-Stein
Natürlicher Abziehstein aus Abbaugebiet in Amerika.

Ausgestellt
Klingenform beim Bildhauer-Stechbeitel, die zum Heft hin konisch schmaler wird.

Balleisen
Stechbeitel mit gerader Schneide.

Bandsäge
Motorsäge mit endlos verschweißtem Sägeblatt.

Bildhauer-Figurenschraube
Veraltetes Hilfsmittel zur Befestigung des Werkstücks auf der Werkbank.

Bildhauer-Klüpfel
Mit ihm wird hinten auf das Heft von Stechbeiteln geschlagen. Der runde Kopf besteht aus Buchenholz oder Pockholz.

Bildhauer-Schraubstock
Schraubstock mit großer Spannweite.

Borke
Äußere Schutzschicht am Baum.

Druckpolieren
Polieren einer Holzoberfläche mit einem anderen Stück Holz unter kräftigem Druck.

Durchbrochene Arbeit
Schnitzerei mit Durchbrüchen zwischen einzelnen Partien.

Facetten-Schnitte
Kleine, dekorative Schnitte zur Strukturierung einer Oberfläche.

Fase
Beim Anschleifen der Schneide am Werkzeug entstehende schmale Fläche.

Formsteine
Kleine Abziehsteine zur Benutzung mit Zugabe von Öl zum Abziehen der konkaven Seite von **Hohleisen.** Erhältlich in India- oder Arkansas-Qualität.

Geißfuß
Bildhauer-Stechbeitel mit zwei, im Winkel zueinander stehenden Schneiden.

Gekröpftes Hohleisen
Abwärts gekröpftes Hohleisen zum Schnitzen bei beengten Partien.

Gekröpftes Balleisen
Gekröpfter Stechbeitel mit gerader Schneide zum Bearbeiten des Grundes beim Reliefschnitzen.

Grat
Dünner, scharfer Stahlrand, der beim Scharfschleifen an der Schneide von Stechbeiteln entsteht.

Hartholz
Allgemeine Bezeichnung für Laubhölzer.

Hinterschnitt
Schräges Unterschneiden einer Form.

Hirnholz
Holzoberfläche beim Schnitt senkrecht zur Längsachse des Baumes.

Hohleisen
Meist benutztes Bildhauerwerkzeug.

India Ölstein
Künstlicher, mit Öl zu benutzender Abziehstein. Normalerweise gröber als Arkansas-Steine.

Innenrisse
Vom Stamminnern nach außen verlaufende Risse.

Japanischer Wasserstein
Gleicht dem Ölstein, wird jedoch mit Zugabe von Wasser benutzt.

Kernholz
Bestes Holz für Bildhauerarbeiten, aus dem Bereich zwischen Splint und Markröhre.

Kopiersäge
Kleine Bügelsäge mit schmalen, auswechselbaren Sägeblättern.

Krone
Verdickung am Werkzeugschaft vor der Angel. Liegt an der Stirnfläche des Hefts an.

Londoner Form
Norm der englischen Hersteller von Holzbildhauer-Stechbeiteln.

Mark
Gewebeteil in der Stammitte aus der Jugendzeit des Baums.

Markstrahlen
Auffällige, radial im Stamm verlaufende Zellbänder. Können das Holzbild stark beeinflussen.

Mulden
Das gleiche wie Werfen.

Ölstein
Abziehstein, der unter Zugabe von Öl benutzt wird.

Raspel
Grobes Werkzeug zur Holzbearbeitung mit einer Vielzahl einzelner, gehauener Zähne.

Riffler
Kleine Feile.

Rillen
Langgezogene, wellenförmige Gestaltung einer Oberfläche, oft für den Grund gewählt.

Saft
Wässrige Nährstofflösung, von der ein Baum lebt.

Schälschnitt
Das Abtrennen hauchdünner Späne.

Scharfe Kante
Konisch scharf zulaufende Kontur zur Betonung einer Form bei gleichzeitig ausreichender Festigkeit.

Schraubzwingen
Spannwerkzeug mit Flachgewinde.

Schüsselform
Relief mit nur um die Figur freigearbeitetem Grund.

Spannklauen
Kleine, entsprechend geformte Hartholzklötze zum Spannen von Werkstücken.

Splint
Lebendes Holz zwischen Rinde und Kern. Zum Schnitzen meist nicht geeignet.

Stich
Das Maß für die Krümmung der Schneide von Bildhauer-Stechbeiteln.

Streichriemen
Lederriemen, der mit Polierpaste zum letzten Schärfen nach dem Abziehen benutzt wird.

Trocknung
Lagerung des Holzes zur Verminderung des Gehaltes an Saft und Feuchtigkeit.

Umreißen
Markieren des Umrisses einer Figur auf der Holzoberfläche mit Ziereisen oder Geißfuß.

Verkehrt gekröpftes Hohleisen
Für das Schnitzen in beengten Partien. Ähnlich wie das gekröpfte Hohleisen, nur mit der Kröpfung nach der anderen Seite.

Vertiefte Arbeit
Negativform wie bei Butter- oder Kuchenformen.

Vorbearbeitung
Grobes Zurichten des Rohlings auf die beabsichtigte Form.

Weichholz
Handelsbezeichnung für Nadelholz.

Werfen
Verziehen von Brettern beim Trocknen.

Winkelhaken
Spannelement zur Benutzung auf der Werkbankfläche.

Ziereisen
Kleiner Stechbeitel mit U-förmiger Schneide.

Zwinge
Hülse zur Verstärkung von Beitelheften, oft aus Messing.